里山で、家で、おいしく楽しむ小規模栽培

森のきのこを食卓へ

増野和彦［著］

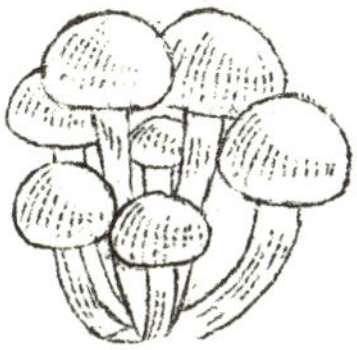

築地書館

はじめに——森林の多様性をきのこ生産に取り入れる

私は、新潟大学農学部林学科を卒業後、一九八二年四月に、長野県林務部の職員として社会人のスタートを切った。大学での専攻は森林計測学で、森林の材積推定法が卒業論文のテーマであった。その経験から、少しずつ前へ進んでいく研究活動が好きになり、県職員としても研究職で働くことを希望していたが、すぐには叶わなかった。希望を出し続けていると、四年目の夏、上司から研究職への異動の打診があった。研究の対象は「きのこ」であるという。きのこについて学んだことは全くなかったが、研究ができるのであればと快諾した。すると、翌年四月には研究職に移ることができた。一九八六年のことである。当時、職場から与えられた研究テーマは「細胞融合による食用きのこの優良個体の作出」だった。地域バイオテクノロジー研究開発促進事業という林野庁からの補助金による課題であった。

きのこについて右も左もわからない私は、さっそく六月から一一月までの六か月間、技術習得のため、当時の「国立林業試験場（現・森林総合研究所）きのこ科」での研修に派遣された。国立林業試験場では、きのこに関する知識・研究手法について「いろはのイ」からていねいに教えていただいた。

きのこの遺伝・育種を担当する「きのこ第二研究室」で三か月間、きのこの生態・栽培を担当する「きのこ第一研究室」でさらに三か月間の研修を受けた。当時の国立林業試験場きのこ科に所属するすべての研究者から、貴重な時間を割いて手ほどきをしていただいた。そこで学んだ技術が今日までの基礎となっている。

当時のきのこ科長は、古川久彦博士であり、きのこ第一研究室長も兼ねておられた。先生は大変にお忙しく、古川先生から直接教えを受けることができた時間は、六か月の研修期間のうち、合計しても一日半程度と記憶している。先生の押し出しは強烈で迫力があり、四〇年近く経過した今日でも当時の状況が目に浮かぶ。その後も、学会の懇親会などでお話を伺う機会はあったが、常にお忙しく短時間であった。しかし、いつもきのこ産業の現状と問題点、今後の在り方について的確にお話をしていただいた。

地方の公立研究機関で働いてきて、今思うことは、きのこ産業の大きな流れは古川先生が話してくれた見通しの通りということだ。示された問題点もその通りになっている。

私がきのこ研究に携わり始めた頃、きのこ生産の主体は地域の家族経営の生産者にあった。その後、大規模な空調施設と自動機械を用いた生産方式が進展し、大きな企業もきのこ生産・販売に進出した。効率的な生産方式による大量生産・大量販売の進展は、競争の激化を招き、きのこの販売単価は大きく下がった。効率競争の中で、中小規模生産者は、次々ときのこづくりから撤退していった。地域の振興を第一に考える公立研究機関の者にとって、このままでよいのかと、考えさせられる状況にきのこ産業がなっていった。

効率的ではないきのこや生産技術の存在意義

物づくりにおいて、いかに、同一商品を大量かつ安定的に低コストで生産するか、つまりいかに効率的に生産するかは最も重要な課題の一つである。しかし、もともと森林内に存在するきのこは多様なものである。常に環境が変化する自然界では、一つのきのこでも、さまざまな個性があった方が、種として生き残るのに有利なのだ。効率というたった一つの基準できのこを評価するのはもったいない。「効率的生産条件に適さないきのこや技術は存在してはいけないのか」が、私にとって大きな問いとなった。

自然界は多様性に溢れている。たとえば、たくさんの種類の生き物がいる。これは「種の多様性」と呼ばれ、自然界はそのバランスで成り立っている。一つの種だけ一人勝ちしようとするとバランスが崩れて成功しない。すべての生物が競い合って生きているはずなのに、バランスをとりながら結果的に繋がり合って、共存しているのが自然界のすごいところだ。きのこ産業においても、全体としてバランスをとりながら大規模な生産者と小規模な生産者が共存していく道はないのか。

「効率生産のナンバーワンを目指す者は、どうぞその方向で行ってくれ。私は多様なオンリーワンをつくり出す方法を探していこう」と考えるようになった。十分な答えはまだ出せていないが、問題を提起し、いくばくかの対応策を示し、多くの人に考え行動していただくきっかけをつくれればと思い、仕事をしている。本書を執筆する動機もここにある。きのこ産業の現状を考察し、私なりに取り組んできたことを紹介したい。本書が、多様なきのこ生産の可能性を探る一つの契機となれば、これに優る幸いはない。

先に述べたように、私は、はじめからきのこが大好きでこの世界に入ったわけではない。たまたま与えられた仕事が、きのこだったのだ。しかし、長い間続けてこられたのは、ただそれが仕事だからというだけでもない。

きのこの研究手法の手ほどきを国立林業試験場で受けた際、研修の最初の頃に教わったのが、きのこの菌の分離・培養方法である。その方法を用いて、ブナ林で採集したナメコを分離・培養し、得られた菌株で栽培試験を行った。すると、奥山でひっそりと生育していたナメコを栽培によって蘇らせたことになる。自然界に人知れず生えている資源を自分の手で再生させた時、なんとも言えない喜びがあった。これが私にとって、最大の「きのこの魅力」となった。

森のきのこを栽培で再生する喜び

きのこは、栄養のとり方の違いにより、大まかに二つに分けられる。「腐生性きのこ」と「菌根性きのこ」である。腐生性きのこは動植物の遺体を分解・吸収することで、菌根性きのこは植物から根を通じて光合成産物を得ることで、それぞれ生きている。森林生態系において、腐生性きのこは生物遺体を水と二酸化炭素に分解する役割を果たし、菌根性きのこは樹木の生長を助ける働きをしている。

いずれにしても、普段は菌糸の状態で暮らしているが、条件が整えば子実体をつくってそこから胞子を飛ばし、子孫を増やしていく。普段、人の目に触れるのが、「きのこ」と呼ばれるこの子実体である。栽培をすると、栄養繁殖する「菌糸の世代」と子孫を増やす「きのこの世代」の両方を知ることができ、自然界に対する視野が一歩広がる。私は、こんな体験が楽しくなった。

細かすぎるマラソン解説で知られる増田明美さんの著書『調べて、伝えて、近づいて――思いを届けるレッスン』[*1]にこんな言葉があった。「私の好きな言葉は『知好楽』。『之を知る者は、之を好む者に如《し》かず。之を好む者は、之を楽しむ者に如かず』という論語の教えが、大切な座右の銘になっています」

さらに続けて、「ひとつのことに打ち込むとき、そのことをよく知っているのは素晴らしいけれど、それを好きでやっている人のほうが勝っている。さらに好きでやっている人よりも、楽しんでいる人のほうが良い結果につながるということです。今、メジャーリーグで活躍している大谷翔平さんも、まさに『知好楽』ですね」とある。

「毎日きのこをつくっていると、きのこを見るのもイヤになる」というきのこ生産者に出会うことがある。もっともで素直な感想だと思う。一方、近年各地で開催されるようになった「きのこ大祭」を最初に始めた一人、川村倫子さんは九州でシイタケ農家を営みながら、きのこの楽しさを全国に伝える無類のきのこ好きである。きのこ好きがきのこ好きを呼び、大きな輪になっている。きのこ好きが集まって、里山を活用してきのこ栽培をすれば、荒れた里山を再生するための大きな力になるに違いない。

きのこ好きの輪は、きのこ生産だけではない。きのこ柄の布や服、きのこ形状の革製小物のデザイン、きのこ入りのパン、動画制作など、その興味の方向はさまざまである。なかには、きのこ好きな人と会うのが楽しいという人もいる。人生一〇〇年時代と言われるが、長い人生を楽しむ手段として、きのこの世界に関心をもってもらえればとも思う。また、きのこを楽しむ人の輪が、きのこ産業の課題解決の大きな力となると信じる。

本書では、現在の画一的なきのこ生産に疑問をもち、森林の多様性をきのこ生産に取り入れようと、もがいた結果を紹介した。しかし、本書を手にしてくださった方の中には、そんなことには関係なく、きのこに興味があっただけの人もいると思う。きのこ生産の専門用語には、できるだけ説明を加えてあるので、お付き合いいただきたい。また、本文を補足する写真や図表も多数入れたので、そちらも参考にしてほしい。なお、2章と4章では章のはじめにカラー図表をまとめた。栽培試験で生まれたさまざまなきのこをご覧いただければと思う。

第1章では、現在のきのこ生産の現状を述べた上で、目指すべき方向性について記述する。

第2章では、森林から収集したきのこの遺伝資源とそれらを活用した多様なきのこ栽培技術を紹介したい。

第3章では、きのこの消費拡大のため、おいしいきのこ生産を目指した取組から「ナメコの味の見える化」を中心に研究例を示す。

第4章では、里山を「宝の山」にするために、きのこを活用した里山再生技術について提案したい。

第5章では、山のきのこを地域で流通させるため、里山を活用したきのこ栽培の経営収支計算例を示したい。

第1章から第5章に、本書で書きたいと思った中心部分を詰め込んだ。逆に言うと、きのこ産業にあまり関心のない方にとっては、硬い話に思えるかもしれない。記載順に関係なく、少しでも興味のあるところを読んでいただければ嬉しい。たとえば、とっつきやすい3章から読めば、きのこづくりの楽しさを感じていただけると思う。

第6章と第7章は、きのこ生産に関与していない人にも興味をもってもらえる内容にしようと思って書き始めた。奥深いきのこの世界の多様な楽しみ方を知っていただければ幸いである。

本書を手にしてくれた読者に感謝するとともに、その読者の優しさと知恵に頼った書になったが、読み進めてもらえるものと願ってやまない。

もくじ

第2章　多様な栽培法を探る──森林からの遺伝資源探索と栽培試験から　37

第6章 きのこを楽しむ

第1章 きのこ業界の流れを変える

シイタケ

1　消えゆく中小規模生産者

生産量の推移

きのこ類の生産量の推移を表1（20ページ）に示した。一九七〇年代からはエノキタケ、八〇年代後半からはブナシメジ、九〇年代からはマイタケ、二〇〇〇年代からはエリンギが、それぞれ生産量を伸ばした。ヒラタケはブナシメジの増加にともなって減少し、ナメコはほぼ一定量で推移している。生シイタケは一九八〇年代の終わり頃には約八万トンに達し、しばらく維持していたが、九〇年代に入り多少減少し現在に至っている。

エノキタケ、ブナシメジは、当初、農家主体の生産で、特に長野県の農家がほぼ生産量を独占していた。しかし一九九〇年代に入り、大規模工場を建設した企業の参入により事情が一変する。ブナシメジ生産では、年間生産量約三〇〇〇トンの工場を全国各地に有する企業が出現した。その際には、収穫機の導入など可能な限りの機械化が進められた。生産農家が行ってきた労働集約型経営から資本集約型経営への移行であった。さらに、この企業は、日本国内に自生していないためあまり知られていなかったエリンギの大量生産を始めた。

また、ある企業はマイタケ生産で急成長した。マイタケの**人工栽培**は一九八〇年代に開発されたが、認知度は東日本に偏っていた。そこでテレビなどでの宣伝により西日本でも認知度を高め、消費拡大に成功したことによる。

乾シイタケ生産は現在も八〇パーセント以上が**原木栽培**であるが、生シイタケ生産は、二〇一九年では原木栽培品は八パーセント程度である（次ページ表2）。原木シイタケ栽培では、二〇一一年三月に発生した東日本大震災に起因する東京電力福島第一原子力発電所の事故が大きな影を落としている。

シイタケの**菌床栽培**は、収穫適期が一律でないため機械収穫ができないこと、収穫が複数回にわたることにより、計画生産が難しく大手企業が参入しにくいとされていた。ところが、近年、長野県内において大手きのこメーカーが独自の栽培方法により菌床シイタケ生産を開始し、その生産動向が注目されている。

生産効率の向上にともなって供給量が需要を上回ると、供給過剰傾向が卸売価格の低下を誘引することとなった（21ページ表3）。特にエノキタケの販売価格は年を追うごとに低下し、大きな企業でもエノキタケ生産から撤退するところが出た。鍋物需要に支えられているエノキタケは、需要期と需要減退期のギャップが大きくなり、夏場の価格低下は著しい。この傾向は、今ではエノキタケに限らず多くの品目で現れ、きのこ産業全体の課題となっている。

きのこ生産は、原木栽培で山に始まり、菌床栽培で里に下り、さらに工場生産に主力が移りつつある。このような中で、きのこ生産だけでなくその関連産業も変化しつつ今日を迎えている。

表 1　きのこ類生産量の推移（トン・林野庁資料）

1970 年代からはエノキタケ、80 年代後半からはブナシメジ、90 年代からはマイタケ、2000 年代からはエリンギが、それぞれ生産量を伸ばした。

※以下の表 1 ～ 7 は、林野庁〔2020〕「令和元年　特用林産基礎資料」〔＊ 1〕を中心に、各年度の基礎資料および関係資料を参照して著者がまとめた。

きのこ名	昭和 40 年 (1965 年)	昭和 50 年 (1975 年)	昭和 60 年 (1985 年)	平成 7 年 (1995 年)	平成 17 年 (2005 年)	平成 27 年 (2015 年)	平成 29 年 (2017 年)	平成 30 年 (2018 年)	令和元年 (2019 年)
乾シイタケ	5,371	11,356	12,065	8,070	4,091	2,631	2,544	2,635	2,414
生シイタケ	20,761	58,560	74,706	74,495	65,186	67,869	69,006	69,804	71,112
ナメコ	2,090	11,416	19,793	22,858	24,801	22,897	23,504	23,350	23,857
エノキタケ	–	37,497	69,530	105,752	114,542	131,683	135,745	140,168	129,104
ヒラタケ	–	4,761	26,211	17,166	4,074	3,263	3,828	4,001	3,862
ブナシメジ	–	–	9,173	59,760	99,787	116,152	117,712	117,966	118,597
マイタケ	–	–	1,506	22,757	45,111	48,852	47,739	49,687	51,146
エリンギ	–	–	–	–	34,342	39,692	39,088	39,413	37,635
乾キクラゲ類									
生キクラゲ類	–	14	230	97	65	1,182	1,710	2,309	2,315
マツタケ	1,291	774	820	211	39	71	18	56	14
その他	–	–	–	–	1,997	2,261	2,114	2,205	1,937

年	原木栽培（トン）	菌床栽培（トン）	原木栽培比率（%）
1994	55,281	19,014	74.4
1995	51,309	23,185	68.9
1998	40,203	34,013	54.2
2005	18,825	46,362	28.9
2015	7,611	60,674	11.1
2017	6,393	63,246	9.2
2018	5,965	64,424	8.5
2019	5,914	65,198	8.3

表 2　生シイタケ生産形態の推移（林野庁資料）

乾シイタケ生産は現在も 80％以上が原木栽培であるが、生シイタケ生産は、2019 年では原木栽培品は 8％程度。原木シイタケ栽培では、2011 年 3 月に発生した東日本大震災に起因する東京電力福島第一原子力発電所の事故が大きな影を落としている。

表 3　きのこ類国内価格の推移（円 /kg・林野庁資料）

生産効率の向上にともなって供給量が需要を上回ると、供給過剰傾向が卸売価格の低下を誘引することとなった。特にエノキタケの販売価格は年を追うごとに低下し、大きな企業でもエノキタケ生産から撤退するところが出た。

きのこ名	昭和 40 年（1965 年）	昭和 50 年（1975 年）	昭和 60 年（1985 年）	平成 7 年（1995 年）	平成 17 年（2005 年）	平成 27 年（2015 年）	平成 29 年（2017 年）	平成 30 年（2018 年）	令和元年（2019 年）
乾シイタケ	2,056	3,381	4,237	3,052	3,296	3,521	3,736	2,948	1,958
生シイタケ	370	850	1,114	1,078	1,056	1,031	1,048	968	949
ナメコ	667	762	689	622	378	425	455	452	435
エノキタケ	–	589	610	458	267	260	204	219	207
ヒラタケ	518	765	795	553	381	495	686	614	664
ブナシメジ	–	–	–	682	424	443	419	439	433
マイタケ	–	–	–	835	620	648	762	912	943
エリンギ	–	–	–	–	575	477	539	542	549
マツタケ	1,591	8,413	15,076	33,195	24,301	26,243	66,607	35,351	58,553

表 4　きのこ生産者数の推移（戸・林野庁資料）

原木シイタケ生産者は乾シイタケ、生シイタケとも減少している。

年	原木 乾シイタケ	原木 生シイタケ	菌床 生シイタケ	ナメコ	エノキタケ	ヒラタケ	ブナシメジ	マイタケ	エリンギ
2005	18,871	17,770	3,584	3,519	1,146	1,643	717	2,029	220
2008	17,995	15,601	3,505	2,094	972	1,142	563	1,423	156
2011	13,801	10,875	3,161	2,157	788	1,103	587	1,142	177
2012	13,342	9,551	3,080	2,109	645	977	476	1,062	170
2013	12,694	8,896	3,000	2,007	617	853	461	1,014	159
2014	11,370	8,487	2,834	1,995	611	837	437	924	137
2015	10,978	8,378	2,823	2,001	612	782	451	971	139
2016	10,643	8,053	2,815	1,660	571	765	404	957	133
2017	10,561	7,556	2,759	1,599	522	727	360	934	125
2018	10,445	7,632	2,660	1,565	455	732	346	965	115
2019	9,483	7,139	2,662	1,577	446	658	388	825	105

きのこ生産者および関連産業の現状

きのこ生産の発展の大きなきっかけをつくったのは、原木栽培を中心とした種菌メーカーによる品種開発と技術指導である。菌床栽培の勃興期にはビン・袋・コンテナなどの資材メーカー、機械化の進展には機械メーカー、空調施設栽培の普及には施設メーカーなどが大きな役割を果たした。また、収量の増大には培地資材メーカーの功績も大きい。

きのこ生産が効率化を果たし成熟した産業となった現在、きのこの価値を下げずに消費を拡大するため、高付加価値化、加工品の開発などにきのこ生産者およびきのこ関連業界が一体となって取り組む必要性が高まっている。その中で、きのこ生産およびきのこ関連産業の現状と方向性を整理してみたい。

●生産者

表4（前ページ）にきのこ生産者戸数の推移を示した。

原木シイタケ生産者は乾シイタケ、生シイタケとも減少している。原木シイタケ生産者は、乾シイタケ、生シイタケとも個人生産者が大多数である（表5）。また、所有原木数三〇〇〇本未満の小規模生産者が、乾シイタケでは七〇パーセント近く、生シイタケでは約八五パーセントを占める（表6）。菌床シイタケ生産者の約七五パーセントが個人生産者であり、所有菌床一万個未満の生産者が五〇パーセント以上ある（表7）。現在のところ、大規模生産者数は少ないが、企業、農事組合法人などの今後の

表 5　個人法人別シイタケ生産者（戸・2019 年林野庁資料）

原木シイタケ生産者は、乾シイタケ、生シイタケとも個人生産者が大多数である。

区分		個人	法人	合計
原木シイタケ	乾シイタケ	9,386（99.0%）	97（1.0%）	9,483（100.0%）
	生シイタケ	6,935（97.1%）	204（2.9%）	7,139（100.0%）
菌床シイタケ	生シイタケ	2,019（75.8%）	643（24.2%）	2,662（100.0%）

表 6　所有ほだ木規模別原木シイタケ生産者数（戸・2019 年林野庁資料）

所有原木数 3000 本未満の小規模生産者が、乾シイタケでは 70%近く、生シイタケでは約 85%を占める。

区分	600 本未満	600 本以上 3,000 本未満	3,000 本以上 10,000 本未満	10,000 本以上 30,000 本未満	30,000 本以上	合計
乾シイタケ	3,443（36.3%）	2,980（31.4%）	2,004（21.1%）	862（9.1%）	194（2.1%）	9,483（100.0%）
生シイタケ	5,088（71.3%）	968（13.6%）	674（9.4%）	336（4.7%）	73（1.0%）	7,139（100.0%）

表 7　所有菌床規模別生シイタケ生産者数（戸・2019 年林野庁資料）

菌床シイタケ生産者の約 75%が個人生産者であり、所有菌床 1 万個未満の生産者が 50%以上ある。

区分	5,000 個未満	5,000 個以上 10,000 個未満	10,000 個以上 15,000 個未満	15,000 個以上 20,000 個未満	20,000 個以上	合計
生シイタケ	967（36.3%）	514（19.3%）	261（9.8%）	195（7.3%）	725（27.2%）	2,662（100.0%）

動向が注目される。
菌床による空調施設栽培では、エノキタケ、ブナシメジ、マイタケ、エリンギを中心に、大手企業経営および農事組合法人などによる大規模工場生産施設が出現し、シェアを伸ばしている。品目によって程度の差はあるものの、大規模生産者が増え、家族労働を主体とする中小規模生産者は減少している。小規模生産者が減少しても、その分の生産量は大規模生産者が吸収する状況が続いている。

●関連産業

・きのこ種菌メーカー

きのこ種菌メーカーは、きのこ生産者に種菌を供給している。古くからのメーカーは、シイタケの原木栽培用品種の開発、種菌の販売から出発した。また、きのこ生産技術の普及にも大きな貢献をしてきた。

創立の古い種菌メーカーが中心となり一九七〇年には、全国食用きのこ種菌協会（全菌協）が設立されている（二〇二四年現在：正会員一一社・団体、賛助会員一九社・団体）。全国団体であり、設立の目的は、会員相互の啓発、優良種菌の開発、種菌製造技術の向上、製品需要の拡大とその普及・宣伝である。また、全菌協には加入していない種菌メーカーも多数ある。さらに、きのこ生産企業の多くは独自に研究組織をもって自社用に品種開発を行っているが、他生産者用にも種菌として販売するところもある。

種菌メーカーの開発の主力も原木シイタケ用の品種から菌床シイタケ用品種になり、またエノキタケ、ブナシメジ、キクラゲ類など、多様な種を手がけるようになっている。また、海外と連携した海外現地での品種開発などの模索も続いている。

●きのこ資材メーカー

きのこ生産に必要な資材を開発・販売しているメーカーも多い。きのこの主な資材を示すと表8（次ページ）のようになる。

原木によるきのこ栽培は、趣味・自家用から専業経営まで、さまざまな品目・規模で行われている。最も専業者が多いのはシイタケであるが（**シイタケの原木栽培**）、その作業体系は、原木の伐採・玉切りから始まり、ほだ木づくり（植菌《しょっきん》・伏せ込み）・浸水操作・育成・採取を経て、出荷に至る。それぞれの工程に必要な機械が開発されている。

原木栽培はほとんど素材そのままの原木に接種するのに対して、菌床栽培では培地材料の配合が必要である。原木と菌床栽培では培地を準備する工程が異なるので、使用する施設・機器・資材も異なる。培冷暖房、無菌環境、殺菌釜、加湿装置、照明装置、培地移動などに特殊な機器開発が行われている。培地を詰める容器であるビン・袋、コンテナ、運搬などについても専門的な業者が存在する。

表 8　きのこ生産資材

きのこ生産に必要な資材を開発・販売しているメーカーも多い。原木の伐採から出荷に至るまで、それぞれの工程に必要な機械が開発されている。

栽培形態	種別	資材例
原木栽培	作業機器	チェーンソー、ドリル、植菌機、運搬機など
	被覆材	
	散水施設	スプリンクラー
	暖房機	
	ハウス設備	
	浸水設備	
	乾燥機	
	予・保冷設備	
	出荷資材	選別機、スライサー、計量・包装資材
菌床栽培	原材料	おが粉、栄養材、菌糸活性材
	容器	ビン、袋、コンテナなど
	培地製造機器	おが粉製造機、攪拌機、コンベアー、ビン詰め機、袋詰め機、殺菌装置、接種機など
	空調施設	接種室、培養室、発生室、培養棚、冷暖房機、加湿器、換気扇、照明、発生棚、扇風機、除湿機など
	予・保冷設備	
	計量・包装設備	
	浄化その他	空気清浄機、かき出し機、消毒剤など

表 9　きのこ関連企業例（主に長野県内・五十音順に掲載）

長野県はきのこ生産量全国一。きのこ生産の拡大期には、新規生産施設を建設する空調施設業者の比重が大きかったが、新規参入者の少ない現在は、培地製造販売、自動収穫機、LED 照明装置など、経営コストの削減を目指した資材・機器を扱う業者の比重が高まっている。

番号	会社名	主な分野	分野区分
1	アスザックフーズ株式会社	フリーズドライ食品	加工製品
2	アルプス計器株式会社	バッテリー、非常用蓄電装置	設備
3	株式会社　羽生田鉄工所	きのこ用殺菌釜	設備
4	株式会社　高見澤	なめ茸製品	加工製品
5	株式会社　カットきのこジャパン	カットきのこ	きのこ生産・販売
6	株式会社　清水製粉工場	培地材料	栽培資材
7	株式会社　信州冷機	空調設備	設備
8	株式会社　ミクロ化学	栽培ビン	栽培資材
9	株式会社　ワキュウトレーディング	マッシュルーム生産・販売	きのこ生産・販売
10	株式会社　三幸商事	きのこ培地製造・販売	栽培資材
11	株式会社　アスク	総合広告、情報誌発行	消費宣伝
12	株式会社　原生林	ナメコ生産、高級レトルト食品	きのこ生産・販売
13	株式会社　千曲化成	種菌製造・販売、栽培技術指導	種菌
14	株式会社　ナガノトマト	なめ茸製品	加工製品
15	協全商事株式会社	機械装置メーカー	設備
16	共栄精密株式会社	キクラゲ生産、農福連携	きのこ生産・販売
17	合同会社 HARADA SHOTEN	乾燥食品	加工製品
18	小林国際特許商標事務所	知的財産	知財
19	長野興農株式会社	きのこ加工品製造・販売	加工製品
20	長野県農協直販株式会社	えのきヨーグルト、えのきドリンクヨーグルト	加工製品
21	パワフル健康食品株式会社	健康食品製造	加工製品
22	マルマン株式会社	えのき氷減塩味噌	加工製品
23	ヤマデザイン	パッケージデザイン	消費宣伝
24	悠善	日本料理	消費宣伝

（日本きのこマイスター協会発行『季刊　きのこ』「注目の企業 最前線」より）

●加工品メーカー
カット野菜、なめ茸製品、レトルト製品、フリーズドライ食品、飲料、えのき氷、味噌・乳製品、サプリメントなど、多様な加工品メーカーが存在する。

●消費宣伝
きのこ用に販売パッケージのデザイン、消費宣伝のイベント企画・開催を手がける業者が存在する。

●知的財産
品種登録、特許、実用新案、意匠、商標などの知的財産に関する知識・取得・管理保護についても重要性が増しており、精通する関係者も多くなっている。

●長野県内の関連産業例
一般社団法人日本きのこマイスター協会発行『季刊　きのこ』[*2]の連載コーナー「注目の企業 最前線」で紹介されているきのこ関連企業を、表9に示した。ここでは主に、きのこ生産量全国一である長野県内のきのこ関連企業が紹介されており、最近のきのこ関連産業を概観することができる。

きのこ生産の拡大期には、新規生産施設を建設する空調施設業者の比重が大きかったが、新規参入者の少ない現在は、培地製造販売、自動収穫機、LED照明装置など、経営コストの削減を目指した資材・機器を扱う業者の比重が高まっている。また、生産過剰や卸売価格の低迷を踏まえて、消費拡大・高付加価値化のため、きのこ加工品や健康食品関連の商品開発・販売を手がける企業も多くなった。さらに、輸出拡大も視野に入れ企業間の連携も図られるようになった。そのために、特に特許や品種登録などの知的財産権に関する対応や商品パッケージなどの重要性が増している。

きのこをレストラン向けの高級食材や「こだわりの食材」として販売する生産者や、きのこ料理のメニュー開発を生産者と連携して行う料理店経営者もあり、きのこの価値向上への取組も多くなった。

支援機関

●行政

・中央省庁

きのこは特用林産物（森林の産物のうち木材以外）の一部であり、きのこ類およびきのこ種菌の生産、流通、消費の増進および改善指導や助成に関することは、林野庁の特用林産対策室が所管している。種苗法、品種登録の審査は、農林水産省種苗室が担当するほか、商品表示、輸出促進、国際交渉なども農林水産省で所管している。なお、マッシュルームに関しては、野菜と同様に園芸作目を担当する農林水産省の部署が所管している。

食品衛生法に基づく規格基準などは厚生労働省が主な担当となる。

・都道府県

四七都道府県できのこを担当する課がある。そのほとんどが林業関係を担当する部署で、主にきのこの生産振興に関わっている。

●研究機関

国立系研究機関としては、国立研究開発法人　森林研究・整備機構　森林総合研究所の本所および支所で、きのこに関する基礎的な研究を実施している。また、大きな競争的資金を活用して、きのこ産業に共通する課題解決のため、産官学のプロジェクト研究を企画・主導している。

きのこの研究をしている大学は、かつては少なかった。ところが、一九八〇年代にきのこ産業が発展するにつれ、国公立系および私大系とも、きのこを扱う研究所・研究室が増えていった。現場先行型で発展したきのこ産業の技術を、分類学、微生物学、遺伝学、酵素学、栄養学、分析化学、分子生物学などの観点から、科学的に裏づける研究が進んだ。今では、大学が中心となって企業と連携するプロジェクト研究も多い。

公立試験研究機関でもきのこの研究を実施している。その多くが都道府県の林業関係試験場になるが、主には、中山間地域の家族労働生産者の支援や地域産業の活性化のため、きのこ生産技術の開発・改良を図るものである。一九六〇年代から現場に即した試験研究を旨として続けられている。栽培関係では、当初の原木栽培から菌床栽培に主体が移っている。新品種・新品目の開発を手がけた例も多い。今では企業が大量生産を担っている品目でも、初歩の基礎技術開発は公立試験場の成果と言えるものも少なくない。

一般財団法人、一般社団法人などの団体が運営するきのこ研究機関もある。設立の趣旨はそれぞれであるが、基礎的な研究から実用研究まで重要な成果も多い。また、エノキタケ、ブナシメジでは、産地の生産農家自らが農業協同組合（ＪＡ）などと連携して、共同で品種開発から種菌配布を行う例もある。

●関係団体

・全国組織

きのこ関係団体の全国組織としては、日本椎茸農業協同組合連合会、全国農業協同組合連合会、全国森林組合連合会、全国椎茸商業協同組合連合会、日本特用林産振興会、東日本原木しいたけ協議会、全国椎茸生産団体連絡協議会などがある。

・地方組織
全国組織の各県組織が活動している。また、全国主要都市を中心に卸売市場・青果卸売会社が流通を担っている。

2 きのこ生産で地域を元気に

原木栽培のシイタケを中心に森林で始まった日本国内のきのこ生産も、エノキタケ、ブナシメジの菌床栽培によって里に下り、やがては大規模生産施設や企業経営の参入によって工場で行われるようになった。当初の家族経営型産業から巨額な投資産業となりつつあり、小規模生産者と大規模生産者とが混在する二極化の様相を呈している。競争の激化と過剰生産が、卸売価格が原価を下回るほどの下落を招き、小規模生産者にとっては、経営の持続が危ぶまれる深刻な状況となっている。大規模生産者にとっても、この傾向の継続は避けたいところである。

この状況の中で、きのこ産業を地域の重要な産業として維持・発展させるためには、きのこ生産者およびきのこ関連産業が、きのこ消費の拡大・付加価値の向上などに連携・協力して取り組む必要がある。

筆者の理解する範囲ではあるが、きのこ生産およびその関連産業の現状を概観した。その上で、今後目指す方向性について、以下に述べたい。

多様なきのこ栽培技術の開発

きのこ生産の歴史を振り返ると、二つの特徴が見られる。

一つ目は、多様な栽培方法から均一で効率的な栽培技術への流れである。森林内での原木栽培、菌床栽培でも自然環境下での栽培に始まったが、袋栽培からビン栽培になるにつれて温度環境を制御した空調施設栽培に移行した。さらに、多様な品種から単一品種への移行、栽培期間の短縮化、単位あたり収量の増大など、ひたすら効率化を目指してきた。

二つ目は、関係者が一体となって技術の体系化に取り組んだことである。特に、空調施設栽培の発展期においては、機械化・空調施設整備、品種の開発、培地組成の改良、選別・包装体制の整備、種菌センターの整備など、関係者が短期間に力を結集している。

その結果、効率的な生産システムが構築された。しかし、同じような産地が各地につくられ、競争が激化した。

その中で、今後の展望として考えられることは、効率性を維持しつつ、新たな需要を喚起して消費を拡大することである。そのためには、多様性や個性などにも再び目を向け、「量」から「質」への転換を図る必要がある。

今後を展望する上で、消費を拡大することが重要になる。普及宣伝のためのイベント開催や必要な人材養成も精力的に進められているが、ここでは主に技術的なポイントについて考察してみたい。

●多様な商品形態の開発

菌床ビン栽培ナメコは、バラバラ状態の「足切りナメコ」を水洗い後に小袋に詰めてから脱気する商品形態が多かった。しかし、近年は株ごと収穫した「大粒ナメコ」などの品も多くなり、多様化しつつある。

包装ラインを複数つくることは効率化にとってはマイナスかもしれないが、消費を喚起するためには、多様な商品形態を模索していくことが大切と考えられる。

同一の商品では、結局のところ単なる効率競争に巻き込まれ、その土俵におけるナンバーワンにならないと生き残れない。しかし、それぞれが特徴のある商品をつくれば、それぞれが各土俵でのナンバーワンとなり競合性を薄めるとともに、相乗効果で全体の消費喚起に繋がると思われる。

ナメコを一例に示したが、主要な栽培きのこで多様な商品開発の推進が必要と考える。

●おいしいきのこの開発

前出の古川先生は、その著書[*3]で、以下のように述べている。

「食用きのこを理想像に近づけるためには、第一に育種目標の見直しが必要である。今まで掲げてきた良品多収の目標は育種の基本目標であるが、これからはもう一つプラスaが必要になる。そのプラスaを何にするか、ここが非常に重要なポイントになる」

「〝良いきのこ〟の定義が、〝形・大きさ・色・質が優れている〟とすれば、ここで抜けているのは〝味〟である。見栄えはともかくとして、〝食べてみて旨かった〟と感ずれば、〝また食べたい〟と思うのが人の欲である。私たちは今までもこの欲に気付いていたが、これを積極的に取上げる努力が足りなかったことは否定できない」

また、同じ内容のお話を、直接していただき、「なるほど」と気がついた。しかし、具体的にどのように進めていいのかわからなかった。人が感じる「味」は主観的な指標であり、客観的な評価が難しいと考えられてきたからだ。ところがある日、「季刊　農工研通信」に記載された「味覚センサーによる味の見える化と味の最適化[*4]」という記事を読んで方向が見えてきた。

近年、酸味、苦味、渋味、旨味、塩味などの各センサーを内蔵する「味覚認識装置」が開発され、味噌・醤油・清酒などの食品業界で活用が始まっているという。さらに、この装置を一般社団法人長野県農村工業研究所（農工研）で導入したと聞いた。そこで、問い合わせたところ、おいしいナメコ生産に、長野県林業総合センターと共同で取り組むことになった。将来的には、数値基準を基にして、おいしい品種の育成や生産技術の開発に繋げることを目指している。

ここでもナメコを一例に示したが、主要な栽培きのこ全体でおいしいきのこの開発を期待したい。

里山再生への貢献

「里山」とは、集落の周辺にある森林のことで、奥地の森林をさす「奥山」と対比される。近年、その里山の荒廃が危惧され、再生が叫ばれている。古来、日本人は必要なエネルギー、田畑の肥料分の多くを里山から得ていた。一九六〇年代からのエネルギー革命や化学肥料の普及によって、枯れ木・枯れ枝・枯れ葉、薪や木炭を得るために木を切り出すこともなくなり、人と山の日常的な関係は薄くなってしまった。里山は手入れされることなく荒廃し、土砂災害などの被害を助長しかねない存在となった。

解決のためには、まず、人と里山の関係を時代に合わせて再構築しなければならない。人々に山への関心を呼び戻すことに、食べ物である「きのこ」は適している。必ずしも生計を立てるためのきのこ生産でなくとも、生活の楽しみとしてのきのこ生産があってもよい。里山再生への貢献策をきのこで探る価値は必ずある。

地域を循環する経済への貢献

藻谷浩介氏は、グローバル経済に対して「地域循環型経済」を目指す「**里山資本主義**」を提唱している。[*5]この考え方をきのこ産業に置き換えて考えてみた。

大規模な工場生産的なきのこ生産では、コスト削減のため原材料となる培地資材の多くを輸入に頼って調達している。殺菌釜で使用する灯油なども同様である。生産されたきのこは国産品であるが、培地基材などの入手には国際情勢の影響を大きく受け、グローバルな経済動向に左右される。大規模な生産を低コストで実施するためには、致し方ない面もあるが、原材料の調達は輸入に頼り、販売は大都市圏への大量輸送では、生産工場周辺の地域経済との関わりが薄くなり、地域経済にとって大きな経済効果が発生しない。

一方で、きのこ生産地周辺地域から原材料を調達し、製品も地域内で販売する方法は、スケールメリット（規模を大きくすることで生じるメリット）を生みにくく、コスト高で大きな利益には繋がりにくい。しかし、得られた利益は地域内を循環するため、地域社会への貢献度は大きく、またグローバル経済の動向からは影響を受けにくい。大規模生産によるスケールメリットを目指すだけでないきのこ生産の方法を再構築することも大切と考えられる。

「**地産地消**」「**地消地産**」などの言葉で、直販所で伝統野菜などの特産品を扱う取組も一般化している。しかし一方、全国どこでも購入可能な商品が並ぶ直販所も多いように見受けられる。貿易自由化にともなう食のグローバル化が進み「安くてどこでも味が同じ」という商品が蔓延しており、地域の直販所でもそれを脱することが難しい。地域性を発揮したきのこ生産は、地域を循環する経済に貢献でき、「小さくともキラリと光る」産業として永続できるのではないか。

第2章

多様な栽培法を探る

——森林からの遺伝資源探索と栽培試験から

ヤマブシタケ

写真１　野生ナメコ

野生のナメコは、主にブナの倒木などに発生する。野生のナメコがブナ林以外で見つかることはほとんどなかったが、近年、ナラ枯れ被害地のナラ・クヌギなどの枯れた立木の幹で野生ナメコが大量に発生する現象が見受けられる。

図１　ナメコ野生株の採取地（味分析供試分）

現在、ナメコ生産の主力は、空調施設を用いた菌床栽培方式となっている。全国から収集した野生ナメコの菌株を用いて、収量（収穫した子実体の生重量）、収穫個数、一番収穫所要日数（発生処理をしてから最初の子実体を収穫するまでの日数）などの菌床栽培特性を調査した。

対照	N008
北海道	島牧村A-2
北海道	島牧村C-13
北海道	神威山下12
北海道	狩場山下21
北海道	狩場山下25
青森県	薬研B-5-1
青森県	薬研B-10-1
青森県	むつ市A-6-3
岩手県	松川A-1
岩手県	松川A-4
岩手県	松川B-3-2
秋田県	秋田12-2
山形県	月山A-13
山形県	月山A-16
山形県	月山A-32
新潟県	村上A-2
新潟県	佐渡B-1
新潟県	佐渡C-1
新潟県	胎内C-3-2
石川県	白山B-2
石川県	白山C-1
石川県	白山B-1
長野県	切明A-3-3
鳥取県	大山1-2
高知県	金山谷7
高知県	金山谷11
宮崎県	向坂山A-1-2
宮崎県	向坂山A-1-3
宮崎県	向坂山A-1-4
宮崎県	向坂山A-1-5

写真２　野生株の栽培試験によって発生した子実体

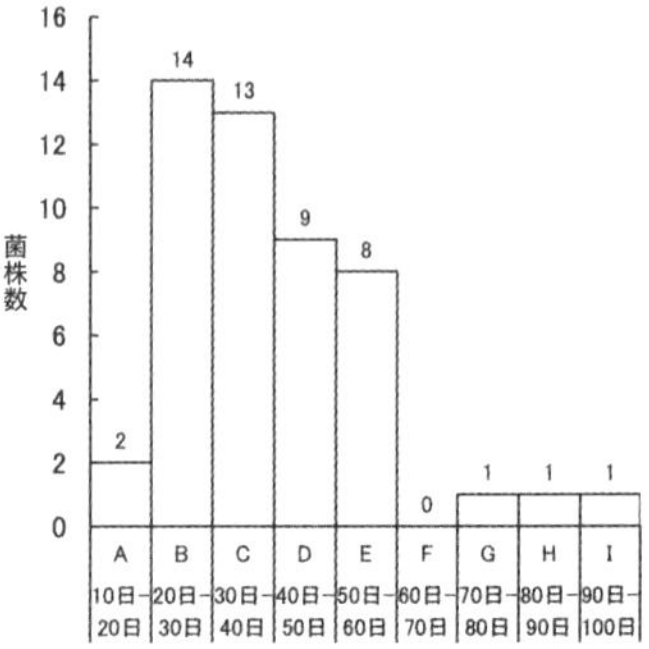

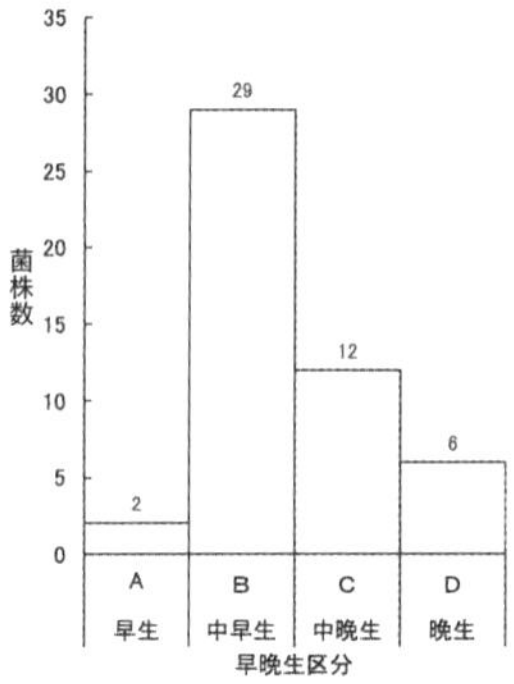

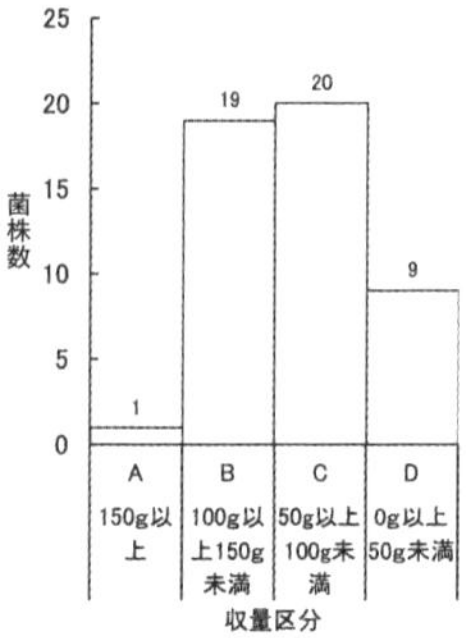

左：図 2　ナメコ野生株の栽培特性（一番収穫所要日数）

供試したナメコ野生株 57 系統中 49 系統で子実体が発生した。一番収穫所要日数による菌株数の分布を示した。現行の実用品種と同等の 20 日間以内の菌株は、子実体発生菌株の約 4%に相当する 2 菌株のみであった。

中央：図 3　ナメコ野生株の栽培特性（早晩生区分）

発生処理後 100 日間を 25 日間ずつの 4 期間に分け、最も収量の多かった期間により早生（A：0 ～ 25 日間）、中早生（B：26 ～ 50 日間）、中晩生（C：51 ～ 75 日間）、晩生（D：76 ～ 100 日間）に区分した。その菌株数の頻度分布を示した。現行の実用品種と同じく、0 ～ 25 日間に最も収量の多い早生に区分できたのは、子実体発生菌株の 4%に相当する 2 菌株のみであった。

右：図 4　ナメコ野生株の栽培特性（1 ビンあたり総収量）

発生処理後 100 日間で得られた総収量によって、供試菌株を A、B、C、D の 4 段階に区分した。各区分の菌株数の頻度分布を示した。現行の実用品種と同等の 150（g / ビン）以上の菌株は、子実体発生菌株の 2%に相当する 1 菌株のみであった。

◀写真 4　培養後期における青色 LED 照射状況と LED 装置（左下）

菌類であるきのこは菌糸の伸長に光を必要としないが、菌床シイタケ栽培では、培養後期の青色 LED 照射が子実体収量に影響を及ぼすことが確認された。そこで、ナメコ栽培においても、培養後期に青色 LED を照射して影響を確認し培養段階での光利用の可能性を検討した。

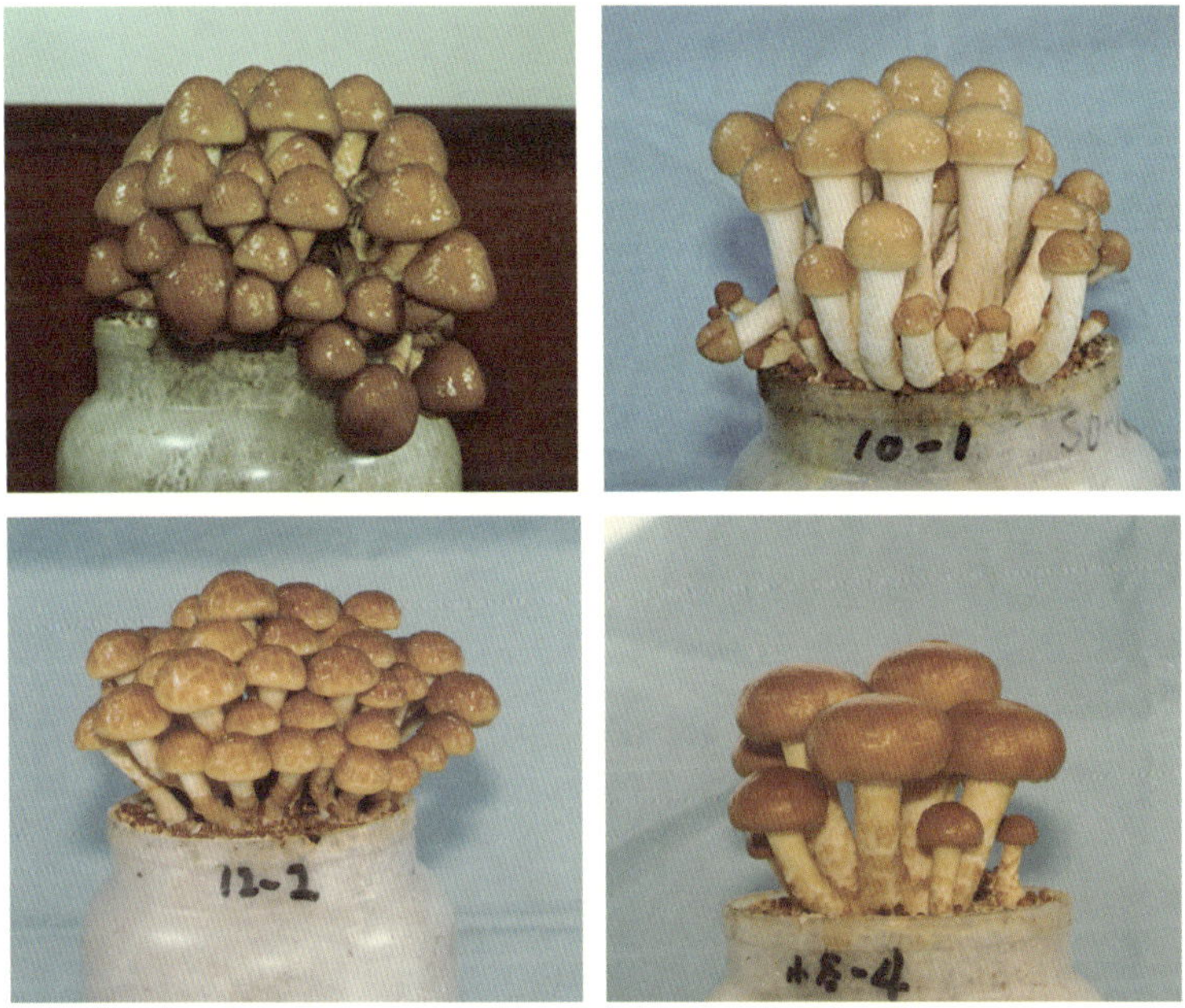

写真３　特徴のある野生株ナメコ子実体
（左上）傘が富士山形。（右上）柄が白く滑らか。（左下）傘に独特の紋様。（右下）傘が肉厚で平形、柄の模様に特徴がある。
ナメコ野生株の栽培試験を行うとさまざまな個性のある子実体が得られる。これらを活かした多様性のある商品の開発を期待したい。

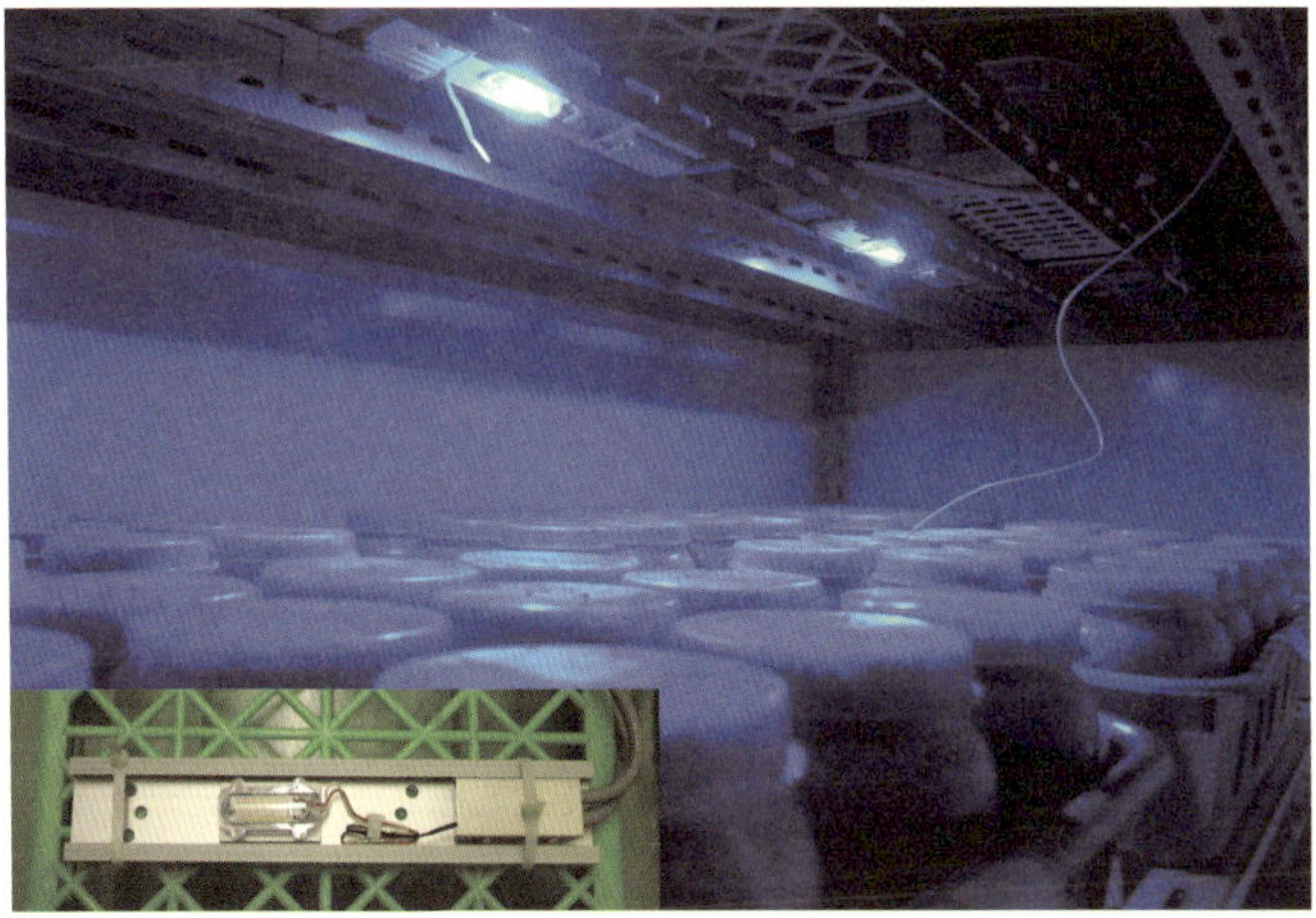

写真 5　培養後期における青色 LED 照射日数と発生した子実体（左：照射 0 日、右：照射 12 日）
これまで光を当てなかったナメコ菌床栽培の培養期間の終わりに 10 日間程度、青色 LED を照射することで、菌床栽培でも原木栽培に近い大粒のナメコを発生させることができた。

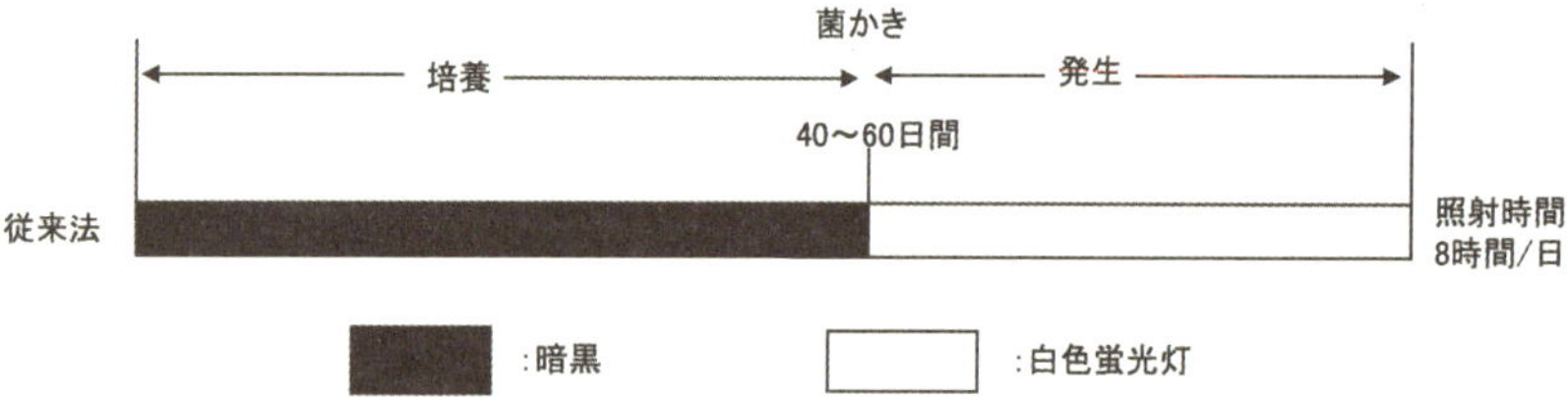

図 5 ナメコ栽培における従来の照明方法
ナメコ栽培では従来、培養期間の 40 ～ 60 日間、特に光を照射しない暗培養を行い、きのこの発生段階で蛍光灯を点灯してきた。

◀【品種】キノックス N007、N008、N009 の 3 品種。【培地】ブナおが粉・ホミニーフィード・大豆種皮培地（容積比 10：1：1、含水率 65%）。【容器】ポリプロピレン製 800ml ナメコ栽培用広口ビン。【培養】20°Cで 46 日間行った。暗培養の後、培養後期に青色 LED を 0 日間、5 日間、8 日間、10 日間、11 日間、12 日間、13 日間、14 日間、15 日間、16 日間それぞれ培地に照射し、照射日数により 1 品種あたり 10 段階の試験区を設定した（1 試験区 3 本）。【発生】温度 14°C、湿度 90%以上。【照射】パナソニック製青色 LED（ピーク波長 450nm）2 台。パナソニック白色蛍光灯「クール」10W 1 台、照射方法（培養室、発生室）：ビンと 21cm の距離をあけて 1 日 8 時間照射。

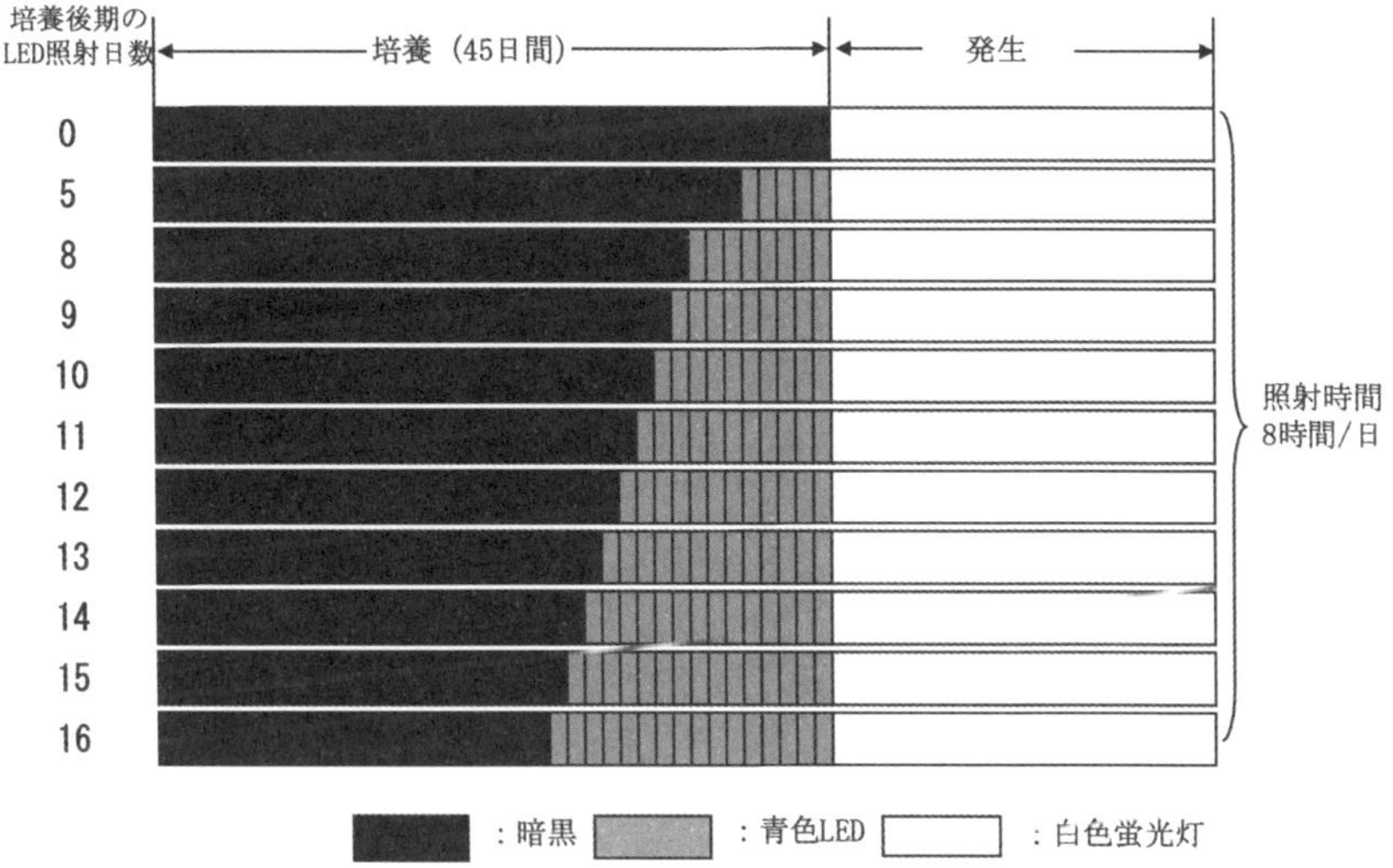

図 6　培養後期の青色 LED 照射条件
培養前期・中期は従来通り暗培養を行い、培養後期に青色 LED を照射する試験を実施した。照射条件を上記のように設定し、照射日数を 11 段階で次第に増加させた栽培結果から特性を調査した。

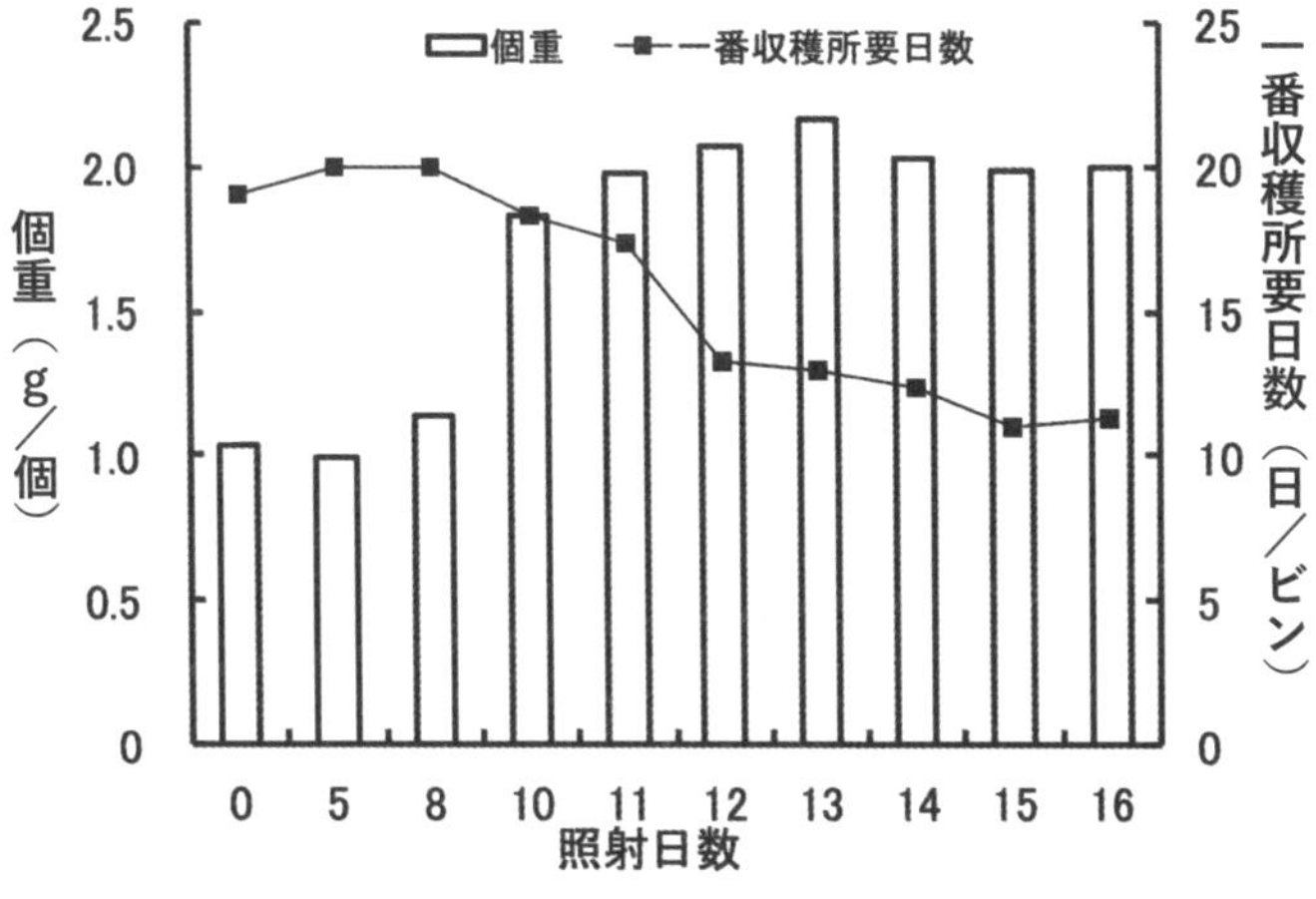

図 7　培養後期の青色 LED 照射日数とナメコ栽培特性
青色 LED 照射日数が 10 日を超えると無照射よりも 1.8 ～ 2.2 倍にきのこの個重が増加して、大粒のナメコが収穫できた。さらに、発生室に移してから一番収穫が得られるまでの所要日数が照射日数の増加にともなって短くなる傾向も確認された。

写真６　原木栽培のナメコ
原木栽培は生産量としては大変少なくなったが、ナメコ本来の特性を発揮するのに適した栽培方法である。森林空間の有効利用という点でも大切な技術であるので、ぜひ一度試してほしい。

原木伐採 ⟶ 玉切り ⟶ 接種 ⟶ 仮伏せ ⟶ 本伏せ
⟶ 発生 ⟶ 収穫 ⟶ 調整 ⟶ 出荷

図８　ナメコの原木栽培工程
原木栽培の方法としては、普通原木栽培、短木断面栽培、長木栽培、伐根栽培がある。これは普通原木栽培の手順。

写真７　ナメコのビン詰・缶詰
ナメコの加工品としては、水煮缶詰や、味つけ加工したビン詰などがある。

表 10　ナメコの缶詰規格基準
出典：庄司 当〔1975〕『ナメコのつくり方』〔＊ 1〕第 6 表を一部改変
缶詰の選別規格は日本農林規格に定められている。この基準に基づいて選別されているが、自家用とする場合や特定の取引先と契約して販売する場合は、これにこだわる必要はない。足切りは生食用と同じく、ナイフやハサミで切る。足切り機も一部で使われているが、手作業のところが多い。

缶形	固形量	内容総量	条件		
4 号	200g	400g	つぼみ[1] T（特小）	傘の直径 10㎜以下 であること	柄の長さは 傘の直径の 2/3 以下
6 号	90g	200g	S（小）	10 ～ 16㎜	同上
			M（中）	16 ～ 22㎜	同上
			L（大）	22 ～ 28㎜	同上
7 号	140g	270g	開き[2]		
			P（小）	20㎜以下	柄の長さは 傘の直径の 長さ以下で あること
			E（中）	20 ～ 30㎜	同上
			J（大）	30 ～ 50㎜	同上

（注）1）ナメコの傘の周縁が軸部に対し巻き込んでいるものをいう。
2）つぼみに該当しないものをいう。

ヤマブシタケ

写真 8　野生ヤマブシタケ
ヤマブシタケは、傘をつくらず、長さ数センチメートル程度の針を垂れ下がらせる、白くて球状のきのこである。日本、中国、ヨーロッパなど北半球に広く分布しており、古くから食用、薬用として人気がある。

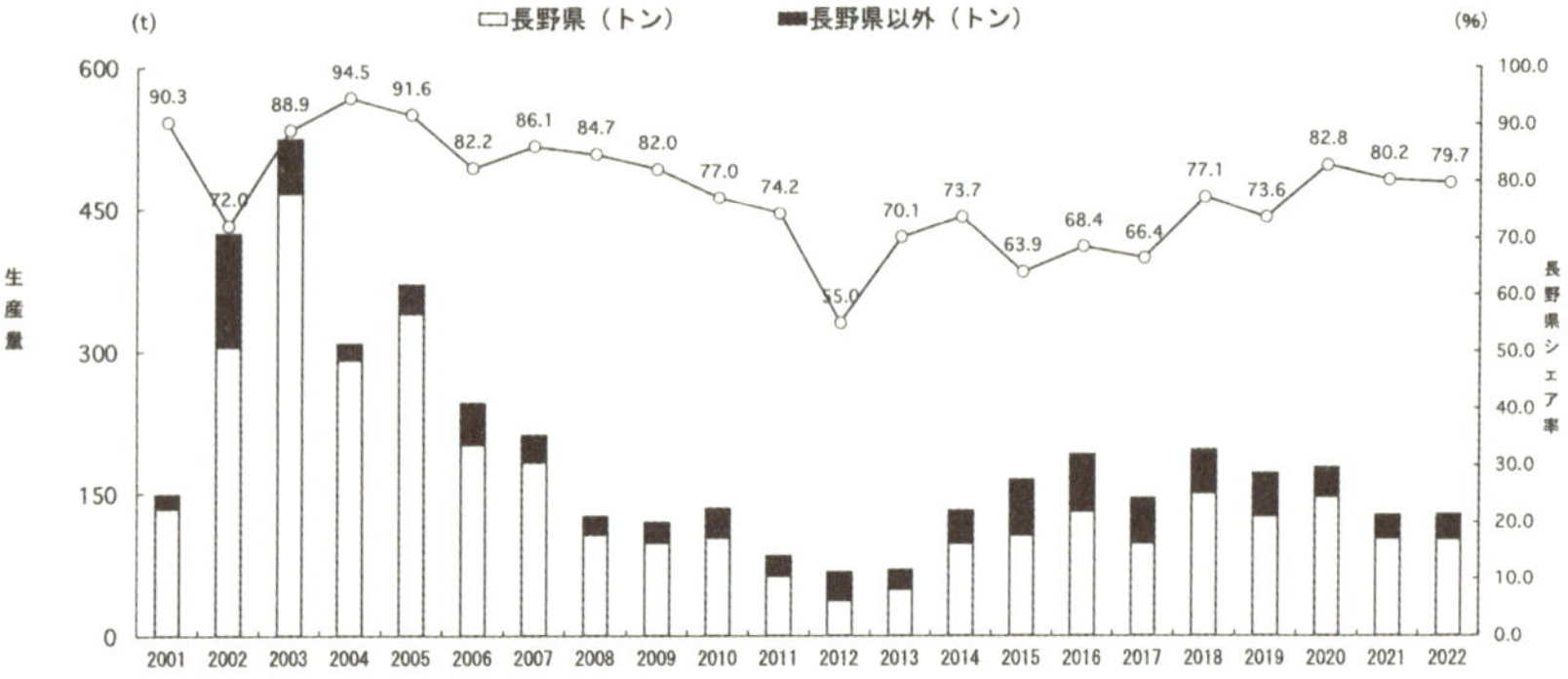

図 9　ヤマブシタケ生産量と長野県シェアの推移（林野庁資料）

日本でヤマブシタケが生産されるようになり、林野庁の統計にあらわれたのは 2000 年度からである。1994 年にはアルツハイマー病の治療や予防に有効な脳神経成長因子誘導促進物質がヤマブシタケに存在することが世界で初めて確認され、ヤマブシタケ生産が誘導・誘発された。

写真 9　登録品種（長林総 Y1 号・長野県）

ナメコの遺伝資源収集を行う中で、同時に収集されたヤマブシタケの野生株を用いて優良菌株の選抜や栽培技術の開発を実施した。

写真 10　ヤマブシタケ商品例

写真 11　ヤマブシタケの調理例　（試作者：郷土料理研究家　水野千代氏）
上段左から時計回りに、「イカ塩からとヤマブシタケの和え物」「ヤマブシタケ入りモズク酢」「ヤマブシタケ入り野菜炒め」「ヤマブシタケ入りけんちん汁」「ヤマブシタケの唐揚げ」「ヤマブシタケ入り佃煮」。ヤマブシタケは、普通のきのこと少し異なる鶏肉のような不思議な食感をもつ。また、味や匂いにクセがなく、調味料などの吸収もよいため、調理法によりいろいろな味を楽しむことができる。

写真12　野生クリタケ
クリタケは主に北半球暖温帯以北に広く分布する。日本には全国的に自生しており、古くから大衆に親しまれているが、ヨーロッパなどでは同属の毒きのこニガクリタケとの誤食をおそれてか、あまり利用されていない。

写真13　原木栽培クリタケ
クリタケが栽培されるようになったのは昭和50年代に入ってからである。利用できる原木の樹種の範囲が広く、他の原木きのこに比べて粗放的な栽培方法でよいこともあって期待が広がった。

写真14　菌床栽培クリタケ（培養菌床の林内土中埋設）
菌床栽培の多くのきのこは冷暖房の整った空調施設で育てられるため「山」や「土」といったイメージから遠い存在になっているが、クリタケは培養した菌床も林内の土壌中で十分に生息でき、子実体を発生するきっかけとして土が重要な役割を果たしている。

写真 15　簡易施設（パイプハウス）
培地を林内に埋め込むより短期間に収穫でき、空調施設を使うよりコストがかからない方法として、パイプハウスなどの簡易な施設内の利用も可能である。

写真 16　菌床栽培クリタケ（培養菌床のコンテナ埋設・パイプハウス内）
3～5か月間培養後、秋のはじめ頃から発生を行う。埋め込む深さは表面がやや裸出する程度でよい。試験では培地重量の平均 25％以上の収量が得られた。

写真 17　菌床栽培クリタケ（袋栽培・パイプハウス内）
埋設せずに培養菌床から発生させることも可能である。

写真 18　菌床栽培クリタケ（ビン栽培・空調施設内）
冷暖房設備の整った空調施設を用いて、ビンまたは袋によっても栽培できる。20℃で 3 ～ 5 か月程度の培養で子実体が発生可能となるが、さらに期間を延ばせば収量性はよくなる。

写真 19　菌床栽培クリタケ（袋栽培・空調施設内）

写真 20　収穫された原木栽培クリタケ
菌床栽培では子実体の発生は原木栽培より時期がばらつくが、適期をのがさないで採取する。原木栽培でも菌床栽培でも傘が開きすぎるともろくなるので、傘の膜が切れる前に株ごと採取する。

写真 21　包装された原木栽培クリタケ
包装・出荷は、野性味を生かしてできるだけ株ごとイチゴパックやトレイなどで行うのがよい。

写真 22　クリタケのビン詰め
きのこの風味を損なわず、長期間保存するのに適した方法が、ビン詰法である。家庭でも行えるのでぜひつくってみてほしい。

ヌメリスギタケ

写真 23　野生ヌメリスギタケ
ヌメリスギタケは日本では北海道と本州全土に発生する。里山から奥地の山まで、比較的幅広く自生しており、広葉樹の倒木、切り株に多くみられる。

写真 24　原木栽培ヌメリスギタケ
原木での栽培は、長さ約 1m、直径 10 ～ 15cm 程度の広葉樹の原木に冬～春に種菌を接種して、仮伏せした後、6 月頃林内に埋め込み、2 ～ 3 年後の子実体の発生を待つ粗放的な方法でよい。

写真 25　菌床栽培ヌメリスギタケ
菌床栽培はナメコとほぼ同様の方法でよく、ブナなどの広葉樹のおが粉にフスマ、トウモロコシヌカなどの栄養材を添加し、容器はビン、袋を用いる。

写真 26　ヌメリスギタケ包装例
傘が開くと割れやすくなるので、できるだけ傘の膜が切れる直前に収穫した方がよい。柄は、菌床栽培では比較的軟らかいが、原木栽培では硬い部分が増加する。菌床栽培では株取りのままでも石づきをとれば利用できるが、原木栽培のきのこは柄を 2 ～ 3cm に切った方が利用しやすい。

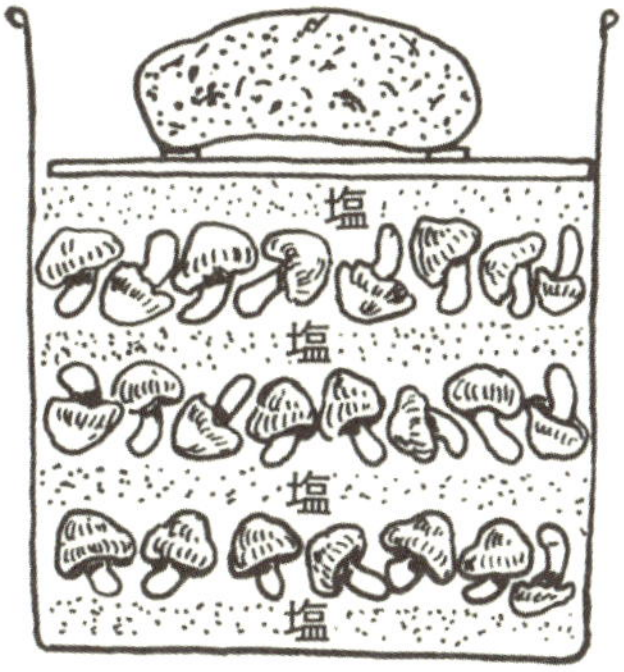

図 10　塩蔵による漬け方
塩蔵は手間がかからないので、きのこ狩りのさかんな東北や関東甲信地方では古くから一般に行われている。ごく少量なら家庭用のプラスチック製食品保存容器などでもよいが、大量に漬ける場合は専用のビンや樽などを用意する。

その他のきのこ

写真 27　野生ヌメリスギタケモドキ
ヌメリスギタケモドキはスギタケ属に属する木材腐朽菌で、春から秋に各種広葉樹の立木または枯れ木の幹の上に束生する。ヌメリスギタケに比べるときのこが大きく、傘の鱗片がやや粗い。

写真 28　菌床栽培ヌメリスギタケモドキ
菌床による試験栽培の結果、菌かきを行わない方法が、収穫時期は早く収量も上がったが、菌かきを行ってもその後の原基形成はさかんで収量もよく、つくりやすいきのこと判断された。形成されたきのこはヌメリスギタケ同様に柄が長く、個重もナメコの 5 倍程度となっており、ナメコによく似た大型のきのこという感じである。

写真 29　原木栽培ヌメリスギタケモドキ
ナメコやヌメリスギタケと同様の方法で原木栽培も可能である。

写真 30　野生チャナメツムタケ
チャナメツムタケの傘はレンガ色または赤褐色で、表面には粘性があり、小鱗片が点在する。野性的な風味があり、ぬめりも強く舌ざわりがよいきのこである。充実した歯応えもあり、味噌汁、けんちん汁や鍋物用に人気がある。

写真 31　原木栽培チャナメツムタケ
チャナメツムタケは菌糸体の伸長が遅く、木材の腐朽力も小さいため、種駒の作製には時間を要する。仮伏せ・接地伏せの後、翌年 4 月には同じ林内で原木を地面に半分埋め込む。発生時期は 10 月下旬～ 11 月中旬の晩秋。子実体は原木から直接発生するものと原木からやや離れた地面から発生するものがある。

写真 32　原木栽培シロナメツムタケ
野趣豊かな風味をもつシロナメツムタケは、長さ 1m、直径 10cm 程度のコナラ原木を用いた普通原木栽培で子実体を発生させることができるが、菌床栽培での発生の報告はない。ただし、原木栽培と菌床栽培を折衷した殺菌原木栽培を行うとやや収量性は向上する。

画一的なきのこ生産に対して、多様なきのこ生産を実現するためには、さまざまな特性をもった品種が必要になる。その開発には、特徴のある遺伝資源を収集することが第一歩となる。

多様な遺伝資源の源泉は自然界、とりわけ森林内である。筆者は、関係者と協力しつつ、長年にわたり、ナメコの遺伝資源収集を行ってきた。野生のナメコは、主にブナの倒木や切り株に発生するため、全国のブナ林で探索を進めた。その際には、同時にブナシメジ、エノキタケ、マイタケ、ヤマブシタケ、ヌメリスギタケ、ヌメリスギタケモドキ、ムキタケ、ムラサキシメジなど、多くのきのこにも出合うので、これらも収集してきた。

採集した子実体から菌糸体を純粋培養するため、その日のうちに分離作業を行い、試験管やシャーレを用いた寒天培地内で菌株を作製する。

得られた菌株を原菌として種菌を作製し、栽培試験によって特性を調査する。ナメコについて筆者らは、一九九二年から毎年、遺伝資源収集を行い、北は北海道江差町から南は宮崎県椎葉村まで、野生ナメコを採取して菌株を得た。さらに、これらのほぼすべての菌株について栽培試験で特性を調査した。また、同時に採取できたきのこのうち、ヤマブシタケ、ヌメリスギタケ、ヌメリスギタケモドキ、クリタケ、ムラサキシメジ、チャナメツムタケ、シロナメツムタケなどの栽培も試みた。いくつかの種については、菌株の選抜、培地組成の検索、培養・子実体発生環境の検索なども行い、栽培方法をマニュアル化した。さらに、選抜菌株を種苗法に基づいて品種登録した種もある。

一定程度、普及できた品目もあれば、十分に普及していないものもある。まずは、森に自生しているきのこを収集して菌を培養して、それらを基に栽培技術を開発し、一定程度の生産方法を示すことはできた。しかし、森林内には、まだ十分に探索利用されていないきのこがたくさんあると思われる。多様なきのこ生産に向けて地道な取組が残されている。

収集した遺伝資源を使って得られた結果や栽培技術、そのきのこの特性などを以下に紹介する。

1　ナメコ

ナメコとは

ナメコ（*Pholiota microspora*）は、日本国内において約二万五〇〇〇トンが生産されている主要な栽培品目である。野生株の採取は、これまでの報告によると、日本（沖縄県を除く）、台湾などの地域に限られており、ほぼ日本固有の種である。

野生のナメコは、主にブナの倒木などに発生する（写真1）。人為的な原木栽培試験では、針葉樹から広葉樹までの幅広い樹種でナメコを発生させることができるが、野生のナメコがブナ林以外で見つかることは、ほとんどなかった。しかし、近年、ナラ枯れ被害地のナラ・クヌギなどの枯れた立木の幹で、野生ナメコが大量に発生する現象が見受けられる。まだ、その確かな理由はわかっていない。

東北地方を中心に、古くから野生のナメコが採取され食用にされてきた。野生ナメコの缶詰販売は、明治時代に山形県で始まった。また、山形県で一九二〇（大正九）年頃に**ナタ目法**による原木栽培が行われたのが、ナメコの人工栽培の始まりとされている。収穫物は缶詰にされ、東京の博覧会などに出品された。残念ながら当時は、ナメコの「ぬめり」が不評であったようである。

昭和に入り戦後、純粋培養の種駒種菌が開発されたのをきっかけに原木栽培が各地に広がり、生産量が増大した。さらに、おが粉を用いた菌床栽培は、昭和三〇年代後半に福島県内でトロ箱（木でつくられた魚箱）により始められた（**ナメコのトロ箱栽培**）。これは、自然環境下で行ういわゆる露地栽培であった。「ナメコ菌床栽培のおこり」について、元福島県林業試験場長の庄司当氏は著書の中で以下のように述べている[*1]。長くなるが原文を紹介する。

「だれが最初に考案して栽培をはじめたものかは明確ではない。一部の聞きとり調査によると、つぎのような説が多い。相馬地方は冬季の農閑期には農家の男手は出稼ぎで都市の工業地帯に出向いてしまい、農村の働き手として残った老人や婦人が、家庭の大黒柱として家計をささえてゆくために、なにか現金収入の道を開拓しなければならないという意欲をもっていた。そのために主婦たちは、長野・埼玉などの特産物が豊富な県を何回もまわって、農閑期を利用して作業ができ、しかも婦女子でもやれる仕事としてヒラタケのオガクズ利用による箱栽培を共同ではじめたのである。（中略）このヒラタケ栽培の中で、ナメコの種菌をヒラタケ種菌とまちがえて植菌されたのが十数箱あり、それを栽培したところ順調に菌糸も伸び、しかも原木ナメコと同じものが大量に発生してきた。これをヒラタケの販売と同じ方法でポリエチレンの袋に詰めて市場に出荷したところ、ヒラタケより高価に取り引きされた。こうしたことから、この婦人共同栽培者たちはヒラタケとともにナメコの栽培をやってみようということになったようである」

ナメコがおが粉でも発生することは、各試験研究機関や種菌業者の間でも知られていたが、経営的に見て果たして栽培が可能かどうかについては自信がなかったようである。このように偶然に考案されたナメコの菌床栽培は市場に支持され、つくりやすいこともあってその後順調に広く普及し、栽培されるようになった。長野県では、エノキタケのビン栽培技術をナメコ栽培に取り入れ、空調施設栽培化と栽培工程の機械化が進み、効率的な栽培体系ができ上がった。その後は、空調施設栽培用の極早生品種の開発も相まって、このナメコの技術体系が全国に広まっていった。

現在は、生産量の九九パーセント以上が菌床栽培による（**ナメコの菌床栽培**）。また、缶詰などの加工用より生食用としての販売が多く、約八〇パーセントを占めている。

一般に家庭用としては、野生ナメコや栽培されたナメコは、味噌汁、鍋物、大根おろしとの和え物などに料理されるほか、保存用として加工されている。加工方法としては、乾燥、水煮缶詰・ビン詰、塩蔵などがある。

ナメコは、柄（俗に「足」と呼ばれることもある）も軟らかく石づき以外は、すべて食べることができる。現在、生ナメコの販売形態は、二センチメートル程度に柄を切った「足切りナメコ」と、株ごと収穫して包装した「株取りナメコ」の二つである。缶詰用の規格は、柄を傘の直径の長さ以下に切ることが原則になっている。

足切りをして、残った柄の部分も利用可能なため、ナメコ生産者は家庭料理に使用している。加工製品へのこれらの柄部分の有効活用が望まれているところである。

ナメコは他のきのこと同様、子実体の約九〇パーセントは水分である。生での可食部一〇〇グラムあたり食物繊維が一・六グラム、タンパク質が一・一グラムで、脂質は〇・二グラムとほとんど含まれていない。他のきのこと比較するとミネラルが多いが、脂質、ナトリウム、カルシウムは少なく、その他の成分はほぼ同じである。

ナメコ野生株の空調施設栽培による特性評価

現在、ナメコ生産の主力は、空調施設を用いた菌床栽培方式となっている。全国から収集した野生ナメコの菌株を用いて、収量（収穫した子実体の生重量）、収穫個数、**一番収穫所要日数**（発生処理をしてから最初の子実体を収穫するまでの日数）などの菌床栽培特性を調査した。その結果の一例を紹介する。

野生ナメコの栽培特性調査例の野生ナメコの採取地を図1に、栽培試験によって発生した子実体を写真2に示した。

供試したナメコ野生株五七系統中四九系統で子実体が発生した。一番収穫所要日数による菌株数の分布を図2に示した。現行の実用品種と同等の二〇日間以内の菌株は、子実体発生菌株の約四パーセントに相当する二菌株のみであった。

発生処理後一〇〇日間を二五日間ずつの四期間に分け、最も収量の多かった期間により早生(A:〇~二五日間)、中早生(B:二六~五〇日間)、中晩生(C:五一~七五日間)、晩生(D:七六~一〇〇日間)に区分した。その菌株数の頻度分布を図3に示した。現行の実用品種と同じく、〇~二五日間に最も収量の多い早生に区分できたのは、子実体発生菌株の四パーセントに相当する二菌株のみであった。

発生処理後一〇〇日間で得られた総収量によって、供試菌株をA、B、C、Dの四段階に区分した。各区分の菌株数の頻度分布を図4に示した。現行の実用品種と同等の一五〇(グラム/ビン)以上の菌株は、子実体発生菌株の二パーセントに相当する一菌株のみであった。

現在、ナメコの菌床空調施設栽培は、培養日数は六〇日間程度で、大規模生産者では一番収穫で一ビンあたり一五〇グラム以上の収量がある。できうる限り短期間の培養で、早期に集中発生させることが、大規模生産施設では特に求められている。しかし、全国から集めた野生株の栽培試験結果をみると、このような早期集中発生特性のある菌株は、極めてわずかしかなかった。

大多数の野生ナメコの菌株は、本来、必ずしも菌床栽培に適しているわけではなく、菌床栽培用の極早生品種は、ナメコ野生株全体から見ると特殊な菌株と言える。育種としては、効率化を目指して早くて多収性の品種を育成していくことは当然かもしれないが、ナメコ本来の特性を認識し、そこから多様性のある新たな可能性を探っていくことも、持続的な生産のためには必要と考える。

写真2にも示したが、ナメコ野生株の栽培試験を行うとさまざまな個性のある子実体が得られる（写真3）。これらを活かした多様性のある商品の開発を期待したい。

大型ナメコの栽培——LEDを利用した大粒ナメコ栽培技術

長寿命で消費電力が少なく、省エネルギー効果の高い「発光ダイオード」（以下、ＬＥＤ）などの新規光源の開発を受け、ナメコについてＬＥＤ光源を利用した菌床栽培の効率化と多様な形態のナメコ生産技術の開発を図った。得られた成果の一部を以下に紹介する。

きのこは「菌類」であるため、一般的に、植物のように光合成を行わず、菌糸の伸長に光を必要としない。そのため、ナメコ栽培でも、菌糸を培地に蔓延させる「培養段階」では、積極的に光を利用することはこれまでなかった。ところが、菌床シイタケ栽培では、培養後期の青色ＬＥＤ照射が子実体収量に影響を及ぼすことが確認された。そこで、ナメコ栽培においても、培養後期に青色ＬＥＤを照射して影響を確認し培養段階での光利用の可能性を検討した。

その結果、これまで光を当てなかったナメコ菌床栽培の培養期間の終わりに一〇日間程度、青色LEDを照射することで（写真4）、菌床栽培でも原木栽培に近い大粒のナメコを発生させることができた（写真5）。さらに、培養後期一五日間程度の照射で、発生処理後収穫できるまでの所要日数が七日間程度短縮することがわかった。

ナメコ栽培では従来、図5に示したように、培養期間の四〇～六〇日間、特に光を照射しない暗培養を行い、きのこの発生段階で蛍光灯を点灯してきた。そこで、培養前期・中期は従来通り暗培養を行い、培養後期に青色LEDを照射する試験を実施した。照射条件を図6のように設定し、照射日数を一一段階で次第に増加させた栽培結果から特性を調査した。すると、青色LED照射日数が一〇日を超えると無照射よりも一・八～二・二倍にきのこの個重が増加して、大粒のナメコが収穫できることがわかった（図7、写真5）。さらに、発生室に移してから一番収穫が得られるまでの所要日数が、照射日数の増加にともなって、短くなる傾向も確認された（図7）。

これは、現在の極早生品種が子実体の発生刺激に極めて敏感なことを利用したもので、培養後期になるとビン栓を透過して受けた光にも反応し子実体原基を形成する。しかし、この場合、光刺激のみで原基形成のための温度・湿度の条件が十分に整わないため、形成される原基の数は限られてくる。原基が生長して栓を持ち上げる直前に発生室に移してきのこを生育させると、通常の発生方法では多数の原基に培地の栄養源が分散するが、少ない原基に栄養源が集中するので個重が大きくなり、大粒ナメコが収穫できるものと考えている。また、原基形成に要する期間が短縮されるため、発生室に移してから収穫までの日数が少なくなり、栽培期間が短縮して効率化を図ることができる。

ここで紹介した方法は、大規模生産者にとっては工程が煩雑になるためただちには利用しがたいが、こまめに手のかけられる小規模生産者にとっては利用可能な大粒ナメコ生産技術と考えている。菌床栽培ナメコの商品形態は、柄の長さを二センチメートル程度に切り個重一グラム程度のきのこ一〇〇グラムを小袋に入れた「足切りナメコ」が主体である。ナメコの市場価格は年々下がっており、消費拡大や単価の向上のために、希少価値の高い原木栽培ナメコのように大粒なナメコ生産が求められている。この点に貢献できる技術と考えている。

原木栽培のすすめ

原木栽培は生産量としては、大変少なくなったが、ナメコ本来の特性を発揮するのに適した栽培方法である。森林空間の有効利用という点でも大切な技術と考えている。未経験の方は、ぜひ一度試してほしいので、以下に一般的なナメコの原木栽培方法を紹介する。

原木栽培の方法としては、普通原木栽培、短木断面栽培、長木栽培、伐根栽培があるが、ここでは普通原木栽培（写真6、図8）について紹介する。

●原木の樹種と大きさ

ブナ、トチノキ、サクラ、ナラなどが最もよい。他の樹種でもほとんどの広葉樹が利用できるので、安価に入手できるものなら利用する。

原木の長さや太さは、一般的には長さ一メートル前後、太さ一五～二〇センチメートルくらいのものの利用価値が高い。しかし、作業に支障がない範囲で太いものから細いものまで利用する。

●原木の伐採と玉切り

伐採時期は、秋の紅葉期から春の樹液流動開始期までの休眠期間が最適で、接種時期に合わせて行う。玉切りは通常接種直前に行う。

●種菌と接種

接種には駒種菌とおが粉種菌が利用されている。種菌は使用時には外観観察をよく行い、未熟、過熟、あるいは害菌汚染のあるものは種ビンごと使用しない。

接種は秋から早春の間に行う。

種菌の接種位置は、縦方向（駒間）で二〇センチメートル間隔、横方向（列間）で六～八センチメートル間隔が標準で、全体的に千鳥状に配置する。原木一本あたりの種駒の一般的な接種量の目安として、次の式が使われる。

接種量（個）＝直径（センチメートル）×長さ（メートル）×二

また、寒冷地になるほど量を増す対策がとられている。

接種孔は、ドリルや穿孔ハンマーを用いて開けるが、駒種菌では駒の長さの約二倍、おが粉種菌では三・五センチメートル程度と深くする方がほだ付き率（全面積に対する菌糸の蔓延面積の割合）が向上する。おが粉種菌では、専用の接種器で固く詰めた後封蝋または樹皮などでふたをする。種駒でも封蝋を行う人もいる。

●仮伏せ

接種後は種菌の活着を促すために仮伏せを行う。高さ三〇センチメートル程度の薪積みにしてシバやコモなどをかける方法や原木をひとまとめにして地面に立て上面や外周をカヤなどで覆って縄で縛っておく方法がある。

●本伏せ

本伏せの時期は梅雨入り前の頃で、乾き気味のところでは、ほだ木を直接地面に並べ、湿りの多いところでは一方を枕木にして接地伏せとする。ほだ木の間隔は子実体発生を考慮してほだ木一本分程度あける。場所は、空中湿度の高い、低温気味の場所がよく、標高の高いところでは、南向きの光線のチラチラ入る広葉樹林内とし、低いところでは、北東から北西斜面の針葉樹林が適している。

●発生

子実体の発生は通常二夏経過した秋から始まる。ほだ木の寿命は、太いもので五～六年、細いもので三～四年であり、年一回の発生である。発生時期は環境条件や品種によってもずれるが、気温が二〇度以下になると始まり、一〇～一一月が最盛期である。

●収穫・出荷

子実体の収穫は子実体の傘の膜の切れる前のものが多い時点で株ごと採取する。原木ナメコは缶詰加工や塩蔵に用いられることも多い。

ナメコの加工および調理方法

●種類・品種とその特徴

ナメコの市販品種は、空調施設を用いた菌床栽培用の極早生品種と原木栽培用の品種に分けられる。原木栽培用も、主に初秋から晩秋にかけての発生の時期を基に、早生、中生、晩生に分けられている。

これらの子実体の発生に要する期間を基にした品種特性と加工適性には、直接的な関係は少ない。しかし、缶詰、ビン詰、フリーズドライ品などの製品の目的により、栽培形態による適性は異なってくる。傘の形および色、柄の太さなど、品種によって微妙に特性が異なるため、味噌汁用、うどん・そばの具など主たる利用方法を考えて製造する場合は、あらかじめ適した特性の子実体を発生する品種を選択できれば最善である。

ナメコの生産方法を大きく分けると菌床栽培と原木栽培になる。

菌床栽培はナメコ生産量の九九パーセントを占めている。空調施設において周年で生産され、そのほとんどが傘が開く前に収穫された小粒のきのこである。これらの品質は一定しており、時期、産地による差は少ない。

原木栽培ナメコの生産量は少ないが、大型で柄が太く、その自然味から根強い人気がある。生産の最盛期は一〇月中旬〜一一月上旬で、生産者や産地により菌床栽培に比べて形態のばらつきは大きくなるが、柄の歯応えは増す。林内で生産させるため、土や落ち葉などを完全に除去できないことがあり、前処理が必要になる。

加工から見た収穫物の規格などは、日本農林規格に缶詰およびビン詰について定められている。

●加工品とその特徴

・水煮缶詰（写真7）

以下の加工法は前出の庄司氏による『ナメコのつくり方』[*1]を参考にした。

○選別規格

缶詰の選別規格は日本農林規格（JAS）に定められている（表10）。この基準に基づいて選別されているが、自家用とする場合や特定の取引先と契約して販売する場合は、これにこだわる必要はない。足切りは生食用と同じく、ナイフやハサミで切る。足切り機も一部で使われているが、手作業のところが多い。

○水漬け

きのこを桶などの水に入れる。八〜一二時間程度の水漬けで、重量は二倍くらいとなる。これにより、原木栽培により野外で採取したきのこは、枯葉片やゴミなどが分離しやすくなる。

○水洗

強力な水道水のかけ流しによって原料を攪拌じながら細かいゴミなどを流出させる。完全にきれいにすることが必要である。

○選別

水中でふるいを用いて選別する。自動選別機を用いる例も多い。

○肉詰め

きのこの準備ができたら、これを缶に詰める。この工程を肉詰めという。詰めて熱すると重量が減少するので、内容量は基準量の約二倍弱、つまり四号缶で固形量二〇〇グラムが必要な場合は三五〇グラムのきのこを入れて、内容総量になるまで水を入れる。この場合、ゴミや害菌などに汚染されたきのこが混入しないよう十分に注意しなければならない。

○脱気

肉詰めが終わったらふたをせずに、せいろや脱気箱に入れて脱気を行う。脱気は、八五度以上の温度で、四号缶なら一五〜二〇分間、六号缶なら一〇〜一五分間程度行う。脱気が終わったら熱いうちにふたをのせ、すぐに巻締めする（密封）。脱気温度が高すぎると、汁やきのこが流れ出してくるし、低すぎると脱気不十分になり、よい缶詰ができない。

○巻締め（密封）

巻締め機としてはセミトロシーマーかホームシーマーがあるが、個人でやるには、どこへでも運搬のできるホームシーマーがよい。巻締めの能力は、一分間に二缶くらいで能率は低いが便利である。共同で行う作業や近代的な加工工場では一分間に二五〜三〇缶程度できるセミトロシーマーがよく使われている。

○殺菌

巻締めが終わったら殺菌する。殺菌は腐敗菌を殺して缶詰を長もちさせるのが目的であるので、完全に行わなければならない。加熱殺菌には、熱湯殺菌と蒸気殺菌の二つの方法がある。殺菌時間が長すぎると製品の光沢が悪くなり、短すぎると完全な殺菌ができないので、時間には十分注意する必要がある。殺菌時間は、一〇〇度で四号缶なら一時間くらい、六号缶なら四〇分間くらいで十分である。

脱気して巻締めした缶は、必ずその日のうちに殺菌しなければならない。殺菌を翌日にまわすと、雑菌の繁殖などにより殺菌不良が起こりやすくなる。

○冷却

殺菌が終わった缶は、冷たい流水に浸して冷やす。冷やす時間は一時間程度で十分である。冷えたら水から引き上げ、水分をよくふき取って乾燥させ、缶のサビを防ぐようにする。缶にいくらか温かみのあるうちに引き上げると、缶の乾きが早いと言われている。

○打検

でき上がったらすぐに製品検査を行うが、この検査は打検といって、打検棒を持って缶を軽くたたき、その音色によって製品のよしあしを判定する方法である。初めての人には音色の聞き分けが困難であるから、経験者に指導を受けるようにしたい。不良缶を見つけたら、さっそく中身を詰め替えなければならない。そのままにしておくと、ナメコが腐ってしまう。

○荷づくり・出荷

製品が完全にでき上がると、いよいよ出荷である。箱詰めには、缶を送ってきた箱が使われるが、一箱に四号缶なら四ダース（四八個）、六号缶なら八ダース（九六個）詰められる。

・味つけ加工

○味つけビン詰（写真7）

原料は生食用と同様に洗浄した後、ボイルし二五パーセントの食塩を混ぜ、塩漬けにする。

水槽で塩抜きをして水気を切った後、釜にナメコ一〇〇キログラムに対して水を三五リットル程度の割合で入れ、攪拌機を使用しながら加熱する。沸騰直前にクエン酸を四〇グラム入れる。沸騰したら、砂糖、水あめ、食塩、醤油などが入った調味液（砂糖三キログラムとアジメート三〇〇グラムの混合物、水あめ五キログラムを火にかけてゆるくしたもの、食塩一・二キログラム、醤油九・四キログラム）を入れて、攪拌しながら加熱して煮る。焦げつかないように火力を調節するとともに、必要に応じてさらに調味料（グルソー六〇〇グラム、リボタイド二〇グラム、カラメル三スプーン）を加えて仕上げる。

ビンに詰めた後、八五度で三〇分程度脱気する。脱気が終了したら、ビン口に栓をして密封し殺菌する。殺菌は一〇〇度で五〇分程度行う。殺菌が終わったビンは、冷たい流水に浸して冷やす。冷やす時間は、一時間程度で十分である。

◯乾燥ナメコ

乾燥方法としては、熱風乾燥、真空凍結乾燥、真空（減圧）乾燥などがある。これらは、目的とする製品により、製造コストを考えながら選択すべきものである。

熱風乾燥は、自家用の保存品や粉末製品の原料など低コストで製造する場合に用いられている。風味や色、あるいは復元性を重視したい場合は、真空凍結乾燥（フリーズドライ）が用いられ、インスタント味噌汁などに利用されている。原料は一般に、蒸気または熱湯に通して、変色を起こす酵素などを失活させる「ブランチング」という前処理を行う。その後、急速に凍結させたい場合は液体窒素、しばらく保存する場合はマイナス二〇度程度の冷凍庫で予備凍結を行う。

真空（減圧）乾燥は、真空乾燥機を用いて、真空下で一〇～二〇度程度に加熱しながら行う。

でき上がった乾燥品は、目的に応じて他の原料と混ぜられ、インスタント味噌汁などにされる。方法としては、味噌汁にしたものをそのまま真空凍結乾燥する場合もある。

2　ヤマブシタケ

ヤマブシタケとは

ヤマブシタケ（*Hericium erinaceus*）は、サンゴハリタケ科サンゴハリタケ属に分類され、傘をつくらず、長さ数センチメートル程度の針を垂れ下がらせる、白くて球状のきのこである（写真8）。日本、中国、ヨーロッパなど北半球に広く分布しており、中国では、子実体が猴（猿の意味）の子どもの頭に似ているので、猴頭菌《ほうとう》と呼ばれている。古くから食用、薬用として人気があり、乾燥品が民間薬として利用され、お湯または水で煎じたもの、醸造酒（黄酒）に浸漬したものが飲用されている。

ヤマブシタケは日本では、おおむね九月から一〇月にかけて、ブナ、ミズナラなどの広葉樹の倒木や、立ち枯れた木の幹、高い梢に発生する。日本全土に広く分布しているが、一度に多量に採取されることは少ない。

日本名のヤマブシタケは、修験者である山伏が胸にかけている結袈裟《ゆいげさ》の丸い飾りに似ているところから、この名前がついたと言われている。九州では、乾燥品をお酒の飲めない下戸が宴会に持参し、酒を吸い取るのに使ったという言い伝えにより、ジョウゴタケ（上戸茸）とも呼ばれる。また東北地方では、白い針の塊が、ウサギがうずくまったように見えるところから、ウサギタケまたはウサギモタシと言われている。子実体の味は淡白ではあるが、きのこ狩りの人々には親しまれている。

ヤマブシタケの生産量の推移を図9に示した。日本でヤマブシタケが生産されるようになり、林野庁の統計に現れたのは二〇〇〇年度からである。一九九一年には、静岡大学の河岸洋和教授・岐阜薬科大学の古川昭栄教授らが、認知症の一種であるアルツハイマー病の治療や予防に有効である、脳神経成長因子（nerve growth factor ＝ＮＧＦ）誘導促進物質がヤマブシタケに存在することを世界で初めて確認し、単離に成功している。*2 これらのＮＧＦ合成促進物質は、ヘリセノン類と命名された。この発見によってヤマブシタケ生産が誘導・誘発された。

一九九〇年代から二〇〇〇年代に入る頃には、それまで農林家が主体であったきのこ生産へ企業が参入するようになり、きのこ生産の大規模化が進展した。競争の激化にともない生産性は向上したが、一方で過剰生産を招き、エノキタケをはじめ、ブナシメジ、ナメコなどのきのこの卸売販売単価の下落が加速した。そこで、付加価値の向上のため機能性きのこの開発、新たな品目の開発が模索された。おりしも、健康食品や機能性食品をテーマにしたテレビ番組のブームもあった。

長野県林業総合センターでも、これらと同時期に「ヤマブシタケ菌床栽培技術の開発」を行った。ナメコの遺伝資源収集を行う中で、同時に収集されたヤマブシタケの野生株を用いて優良菌株の選抜や栽培技術の開発を実施した（写真9・10）。その成果を研究報告書にするとともに、「ヤマブシタケ栽培マニュアル」[*3]を発行して、栽培技術の紹介をした。

すると、長野県内のJA関係を中心に試験的な生産の申込みがあり、種菌を提供するとともに栽培技術を紹介した。試しに数度栽培してみるだけの場合も多かったが、本格的な生産を志す生産者も現れた。そのうちの生産者に、今日までヤマブシタケ生産を続けている久保産業がある。全国ヤマブシタケ生産量の約八〇パーセントを以下に紹介する久保産業が生産している。

久保産業（長野県千曲市）のヤマブシタケ生産

●プロフィール

久保産業有限会社は、千曲市に本社工場（ブナシメジ）と雨宮工場（ブナシメジ・ヤマブシタケ）の二つをもつ。法人としては、一九六六年（昭和四一年）三月に、現社長の久保昌一氏の父である久保忠一氏が設立した。それ以前にも個人として忠一氏が、一九五五年からエノキタケ栽培を開始しており、そこから数えると今年できのこ栽培一筋六九年となる。

一九七六年には、施設を改造してエノキタケからブナシメジ生産に完全移行した。ヤマブシタケ生産は、二〇〇〇年頃から試作を開始し、本格的には二〇〇三年に雨宮工場を新設して始めた。二〇一二年、昌一氏が代表取締役社長を引き継ぎ、ブナシメジを主力としつつヤマブシタケも生産する今日の体制になった。

企業理念は「磨いて 高める」で、「『経営資源』を『磨いて』企業競争力を『高め』、お客様・従業員・株主・地域等に貢献する」ことを目指しているそうだ。*4

●栽培の概要

現在、久保産業のヤマブシタケ生産量は年間約一〇〇トンである。林野庁の統計によると、二〇二一年のヤマブシタケ全国生産量は一二九トンなので、全国の約八〇パーセントを生産していることになる。四〇〇〜五〇〇トンを生産した時期もあったが、現在は確実に販売できる量にとどめている。結果的に利益はその方が大きいそうだ。余った分は乾燥品にし、ヤマブシタケ入りの「山野草茶」や「玄米珈琲」の原料にしている。これらにも少しずつ常連客がつき、販売も軌道に乗ってきた。生の製品だけでなく、加工品と両輪で考えることが大切とのこと。

昌一氏が他業種の会社を退職して久保産業に入社した頃、テレビ番組で機能性食品としてヤマブシタケが紹介されたのを見て生産を思い立ったそうだ。東京の経営セミナーで偶然に隣り合わせたＪＡ長野中央会OBに相談したところ、長野県林業総合センターを紹介された。同じ頃、筆者らも林業総合センターとして、ヤマブシタケに注目し野生株の選抜により生産技術を開発し、ヤマブシタケ栽培マニュアルを発行したところであった。

当時、長野県林業総合センターで紹介したのは、野生ヤマブシタケに近い玉状のきのこを生産する方法であった。しかし久保産業では、さらにひと工夫し、サンゴ状になる商品名「さんごヤマブシタケ」を考案して製法特許を取得した。

元来ヤマブシタケの培養期間は極めて短い。久保産業では、このことを最大限プラスの方向に活かしている。短期間の栽培期間で済むため、急な注文にも自在に対応可能である。

●久保産業の特徴

きのこ産業は、単価の下落傾向、燃料・資材価格の高騰などにより厳しい状況が続いている。その中でも紹介した久保産業は早くから独自の道を標榜して取り組み、成果を上げている。

コロナ禍では、経済産業省系の補助金を活用して、本社に商品開発室（キッチンスタジオ）を完備した。これを活用して、ブナシメジやヤマブシタケの料理方法の動画配信を開始した。紙ベースでは伝わりにくい情報を映像で示せるため、わかりやすいと大好評で、注文の増加に繋がっている。

久保産業を紹介した理由は、いつも時流を注視して、その場の勢いに流されず、生き残るための独自の立ち位置を意識した経営をしていることにある。もともと農家経営としてエノキタケ生産を始めたが、単価安を見越してブナシメジ生産に切り替えた。そのブナシメジ生産をただ続けるだけでなく、独自性のあるヤマブシタケ生産を取り入れ、さらに生製品だけでなく加工品の開発を行い、独自の販売ルートを確立している。ヤマブシタケ生産も大規模な生産・販売は当初から目指していない。一時的なブームが去った後まで見据え、一定の需要を確保したら、それ以上には無理をしない堅実性がある。きのこ生産者にとって厳しい時代が続くが、頼もしさを感じる。きのこ生産者が生き残るためのヒントを示す経営体である。

ヤマブシタケの栽培技術

長野県林業総合センターで一九九一～二〇〇〇年度に行ったヤマブシタケの品種選抜、栽培技術の開発試験の結果を基に栽培マニュアルを作成した。以下にその概要を紹介する。

●ヤマブシタケ菌の性質

菌糸体の伸長は、二五度付近で最大になる。また、菌糸体の伸長を最大にするおが粉培地の含水率は、六〇～六二パーセントであり、一般の栽培きのこよりやや低い。好適な子実体発生温度は、子実体の形状を整えるため一二度程度が妥当である。

●栽培方式

培養期間が短くてよく、基本的には空調施設を利用し、機械化した集約的な栽培体系に適する。しかし、子実体の形状などの品質を多少犠牲にすれば、簡易な施設による粗放的な方式でも十分可能である。

原木栽培でも発生は可能であるが、収量は少ない。

野性味のあるきのこなので、秋の野生きのこの時期に地域の特産品としての販売に向いている。

●空調施設栽培

・培地調製

おが粉はブナが最適であるが、大部分の広葉樹が利用できる。スギでも加水堆積したものであれば、広葉樹に比較して大きな収量減はない。栄養材は、トウモロコシヌカ系（コーンブラン、スーパーブラン）が適する。コメヌカ、フスマ（小麦のヌカ）は、多く混用すると収量減となる。

おが粉と栄養材の混合は容積比で一〇対二が標準である。含水率は湿量基準で六二～六三パーセント程度のやや少なめがよい。

用いるビンは、口径五二ミリメートルで容量八〇〇～八五〇ミリリットル程度のブナシメジ用でよい。一ビンあたり五五〇～六〇〇グラム程度が標準で、中央には一五～二〇ミリメートル程度の接種孔を開けておく。

・殺菌・冷却

詰め終えた培地はただちに殺菌を行う。殺菌には水蒸気が用いられ、培地温度が一〇〇度付近で三時間行う常圧殺菌と圧力容器で一二〇度まで上げて一時間行う高圧殺菌のどちらでもよい。

殺菌の完了した培地は余熱のあるうちに殺菌釜から取り出し、ビン外周や栓を乾燥させるとともに、清潔な場所で二〇度以下に冷却する。

・種菌接種

種菌は八〇〇ミリリットルビンで二〇日間程度培養し、菌糸がビン全体に蔓延した直後の新しいものを使用する。害菌の混入していないことを確認して、最上部表面をかき出して捨て、その下の部分から接種源を取る。接種量は、一五ミリリットル程度あれば十分である。

・培養

培養温度は、空調施設で人工調節する場合、一八〜二〇度である。培養中の発熱や害菌対策上、菌糸伸長量が最大になる二五〜二六度より低く設定するのが標準である。培養期間は、二〇〜三〇日間程度が妥当である。

・発生

ヤマブシタケは、培養段階で菌糸が培地内に蔓延していくと同時に、接種面から上方にマット状の菌塊が発達し子実体となる。培養したまま放置すると子実体が容易にビンのふたを持ち上げてしまう。したがって、マット状の菌塊がふたを持ち上げる直前が、発生処理（ビンのふたを外して発生室に移す操作）の適期である。菌塊がふたを持ち上げてしまった場合は、菌塊をいったん剝ぎ取ってから発生室に移した方が、形状のよい子実体が収穫できる。

発生室は、加湿器により空中湿度を九〇パーセント以上に保つ。温度は、一〇～一二度程度の低温にすると、子実体の針が発達し、ヤマブシタケ本来の形状が得られる。一四～一五度では、収穫までに要する期間は、数日短くなるが、子実体の針が形成されにくく、サンゴ様の子実体の発生比率が高くなる。光は、数十ルクス程度で十分である。順調に発生すれば、発生処理日から収穫まで二〇～二五日間程度である。収量は、一ビン（八〇〇ミリリットル）あたり一二〇グラム程度である。二番収穫も可能であるが激減するため、一回採りが妥当である。

・収穫・出荷

幼子実体は、薄いピンク色を呈するが、生長にともない白色となる。さらに白色から薄い褐色を呈するようになるため、針が形成されたら白色のうちに収穫するのが妥当である。全体としては、玉状になるため、一玉ごとに収穫して、イチゴパックやトレイなどに詰めて販売する方法がある。

●簡易施設栽培

短期間で子実体をつくるきのこなので、冷暖房を完備していないパイプハウスなどの簡易施設でも、効率と品質は若干低下するが十分に生産可能である。

栽培方法は、空調施設栽培に基本的に準ずるが、発生室の温度を一〇～一二度に抑えられない場合は、針が十分に発達しないこともある。

ヤマブシタケの加工および調理方法

●煎じ液

乾燥ヤマブシタケを熱水抽出、いわゆる「煎じて飲む」という方法である。

ヤマブシタケ子実体の乾燥方法は、シイタケなどで行われている方法でよい。天日で風が通る場所に吊り下げる自然乾燥と熱風乾燥機や炭火・ガスなどの火力を利用する人工乾燥がある。

・煎じ液のつくり方と飲み方の例

乾燥ヤマブシタケ約一〇グラムに対して水一リットルの割合で一〇～三〇分間煮つめると、薄茶色の煎じ液になる。これを飲用する。抽出残渣は食材として味つけして食べる。保管は冷蔵庫で行う。

または、湯のみに乾燥ヤマブシタケを一〜二個入れ、そのまま湯を注いで飲む。薄茶色がなくなるまで湯を注ぎ足して何度でも飲用できる。急須にヤマブシタケを入れ、お茶を飲む要領で飲用することもできる。

これら二つの方法で飲みづらい場合は、湯のみにヤマブシタケを一〜二個入れ、煎茶や麦茶を注いで飲んでもよい。

●調理例（写真11）

家庭で簡単につくれるヤマブシタケ料理としては、天ぷら、あんかけ、お吸い物、スープ、炊き込みご飯、油炒め、鍋物、グラタン、シチュー、さっと茹でて、からし和え・ワサビ和え・酢醤油和えなどがある。

ヤマブシタケの歯応えは、シャキッとはしていないが、しっかりと肉質が感じられる。普通のきのこと少し異なる鶏肉のような不思議な食感をもつ。また、味や匂いにクセがなく、調味料などの吸収もよいため、調理法によりいろいろな味を楽しむことができる。特に、お吸い物には最適である。調理例を一つ示す。

・ヤマブシタケのお吸い物

材料は、ヤマブシタケ、ニンジン、三つ葉、ユズである。一番だし（昆布、かつお節のだし）で煮たヤマブシタケとニンジンを、だし汁と薄口醤油、塩、日本酒、調味料を入れた汁の中におどらせる。仕上げに三つ葉、ユズを散らす。

●海外の加工・利用に学ぶ

中国では古くから漢方薬として利用されており、民間薬としての応用法が文献に記載されている。一般に、採取した子実体は天日や熱風で乾燥させて保存しておく。記載されている利用法の一例を示すと以下の通りである。

・消化不良に

ヤマブシタケ子実体乾燥品六〇グラムを水に浸して軟らかくし、薄く切り、水で煎じて一日二回、醸造酒（黄酒）とともに飲む。

・神経衰弱、身体虚弱に

ヤマブシタケ子実体乾燥品一五〇グラムを切片にして鶏とともに煮て、一日一～二回適量を食べる

（あるいは鶏のスープで煮て食べる）。

・胃潰瘍に

ヤマブシタケ子実体乾燥品三〇グラムを水で煮て一日二回（一回三〇グラム）食べる。

3　クリタケ

クリタケとは

クリタケ（*Hypholoma sublateritium*）は、モエギタケ科クリタケ属のきのこである（写真12）。主に北半球暖温帯以北に広く分布する。日本には全国的に自生しており、古くから大衆に親しまれているが、ヨーロッパなどでは、同属の毒きのこのニガクリタケとの誤食をおそれてか、あまり利用されていない。

野生のクリタケは、コナラなどの広葉樹の根株に菌糸が侵入し、土中の根や材に繁殖してきのこを発生させている。発生するのは秋の比較的遅い時期だが、味、形とも野性味があり、きのこ狩りの人々に人気がある。一時に多量に収穫しやすいことから、山間地では、保存用のきのことして古くから利用されてきた。

クリタケが栽培されるようになったのは昭和五〇年代に入ってからである。本格的に生産が始まったのは一九八二（昭和五七）年頃で、原木栽培（写真13）により生産量は増加した。背景には消費者ニーズの多様化、本物志向などが考えられるが、種菌メーカーによる栽培品種の開発が大きな要因であった。また、利用できる原木の樹種の範囲が広く、他の原木きのこに比べて粗放的な栽培方法でよいこともあって期待が広がった。

しかし、当初増加していた生産量も一九八七（昭和六二）年頃をピークに減少傾向を示している。減少の原因としては、子実体の発生は年一回で、しかもその期間は二週間くらいに集中するため、生産が集中する最盛期には市場価格が暴落すること、また、収穫に必要な手間が追いつかないこと、などが挙げられる。

しかし、クリタケ栽培は市場出荷用のみでなく、野性味を生かして、観光クリタケ園、オーナー制によるクリタケ園も一部で見られ、また、スキー場や別荘地で販売する特産品として地域的に取り組む例もある。菌床栽培のさかんな地域ではビンや袋を用いた栽培の実現が期待されている。

クリタケは、きのこ自体にはそれほど味はないが、歯切れのよさは格別で、料理法によってかなりおいしく食べられるものである。特に油や味噌と相性がよい。

菌糸の生育温度範囲は三〜三〇度程度であり、最適伸長温度は二五度前後である。菌糸体は土中の有機物を伝わって繁殖し、切り株などの地上に立ち上がっているものにぶつかると、その地際に子実体を発生させる性質がある。

原木栽培法としては、主に長さ約一メートル、直径一〇～一五センチメートル程度の広葉樹の原木に冬から春に種菌を接種して、仮伏せ後、六月頃林内に埋め込み、二～三年後の子実体の発生を待つ粗放的な方法が一般的である。収穫は、傘の膜が七～八分開いた頃が適期で、長野県の例では株ごと採取して一五〇～二〇〇グラム程度をイチゴパックに詰めて出荷している。同様に長野県での試験例では、発生期間三年で、ほだ木一本あたり四〇〇～五〇〇グラム程度の収量である。

全菌協発行の「きのこ種菌一覧／二〇二四年版」[*5]によると、種菌メーカーからは原木栽培用として六品種が発売されている。発生時期により早生、中生、晩生の三つに区分されている。各品種とも発生期が一週間程度に集中することが欠点とされており、これらの解消のためにはさらに多様な品種開発が必要である。

クリタケの栽培技術

実用化されている栽培方式としては、原木栽培がほとんどである。菌床栽培用品種や技術の開発も図られているが、栽培に要する期間が長いことなどから空調施設栽培では、現在のところ採算性に問題がある。しかし、菌床栽培特性のある系統ならば、ある程度の収量は、期待できる。

●原木栽培

原木の樹種はコナラ、ブナなどがよい。他の樹種でもほとんどの広葉樹が使用できる。カラマツ材でも発生は可能であるが、現在ある品種では収量性は広葉樹より劣る。普通原木栽培、短木断面栽培、長木栽培、伐根栽培が可能である。長さ一メートル前後、太さ一〇～一五センチメートルくらいの一般的な原木を利用する普通原木栽培について以下に説明する。

・原木の伐採

クリタケ菌は、材組織の生きている生木状態の原木では、伸長できない。特にほだ木を土中に埋めるので、生木では土の中で枯れが進まず菌糸が伸長できない。

このため、葉をつけたまま原木を乾燥させて材組織の枯死が進むように黄葉の初期（一〇月中頃）に伐採・葉枯らしをする。

・種菌・植菌

種菌は駒種菌であり、自然発生の時期が九月から一〇月上旬のものを早生、一〇月下旬から一一月のものを晩生、中間のものを中生としている。発生温度範囲は八～一八度である。

原木の枯れ具合をみて、三～四月に植菌するが、生原木には植菌しない。

・仮伏せ

植菌後は種菌の活着を促すために仮伏せを行う。仮伏せは、低い横積みにして周囲をムシロなどで覆い、一五日くらい毎日散水を行う。

・本伏せ

土中で管理する栽培方法であるから、一度伏せ込むとほだ木の移動は不可能である。このため、ほだ場は保湿性、覆土の作業性などを十分に吟味して選定する。

ほだ木の間隔を一〇センチメートル程度あけて伏せ込み、覆土は、ほだ木の上部がチラチラ見える程度に行うのがよい。

直射日光の当たる林縁ほだ場や裸地ではネットで日覆いをする。

・発生

子実体の発生は通常二夏経過した秋から始まる。ほだ木の寿命は三〜五年間であり、年一回の発生である。外気温が一〇〜一五度、土の中の温度が一〇〜一四度になると早生品種から順に九月下旬から一一月下旬にかけて発生する。

・収穫・出荷

子実体の発生は短期間に集中するので、適期をのがさないで採取する。傘は開きすぎるともろくなるので、傘の膜が切れる前に株ごと採取する。包装・出荷は、野性味を生かしてできるだけ株ごとイチゴパックやトレイなどで行うのがよい。

●菌床栽培

菌床栽培の多くのきのこは、冷暖房の整った空調施設で育てられるため、一般に菌床栽培きのこは、「山」や「土」といったイメージから遠い存在になっている。しかし、元来きのこは森林内に存在しており、土との相性は必ずしも悪いものではない。クリタケは、培養した菌床も林内の土壌中で十分に生息でき、子実体を発生するきっかけとして土が重要な役割を果たしている。そこで、クリタケの菌床栽培法のうち、林内栽培、簡易施設栽培、空調施設栽培について、筆者の行った試験結果を中心に紹介する。

・培地調製

広葉樹のチップおよびブナおが粉にトウモロコシヌカ系（スーパーブラン、コーンブラン）を容積比で一〇対一～二程度に混合し、ポリプロピレン製の袋またはビンに詰める。含水率は湿量基準で六五～

七〇パーセント程度がよい。試験結果では、ブナおが粉とスーパーブランを容積比で一〇対一・五～二程度にした培地組成が最も収量性がよかった。ビンとしては、八〇〇ミリリットルの広口ビンでよく、一ビンあたり五五〇～六〇〇グラム程度を口一杯まで詰める。ビン口部の培地最上面の中央には、直径一・五～二センチメートル程度、ビン底部にほぼ達する深さの接種孔を開けておく。袋培地では、六〇〇グラム～二キログラム程度がよく、基本的には長い培養には大きめの培地、短い培養には小さめの培地を用いる。接種孔は表面積の大きさに応じて一～二か所開ける。

●殺菌・冷却・接種

ナメコ栽培などで通常に行われている菌床栽培の方法でよい。

●培養

培養温度は、空調施設で人工調節する場合、二〇度である。培養期間は三～五か月程度で十分であるが六か月以上に延ばすほど収量性は少しずつよくなる。

●菌床栽培（林内栽培）

八～九月に、クリタケのほだ場として適当な林内の土中に、袋から取り出して裸出した培地を埋め込む。埋め込みの深さは培地が土壌中に隠れる程度が妥当である。埋め込み当年の一〇月中旬頃に気象条件によって子実体の発生があるが、本格的な発生は翌年の秋からである（写真14）。子実体の発生は、少なくとも二年間にわたり、埋め込んだ菌床面からのみでなく、二〇センチメートル以上離れた土壌中からもみられる。

●菌床栽培（簡易施設栽培）

培地を林内に埋め込むより短期間に収穫でき、空調施設を使うよりコストがかからない方法として、パイプハウスなどの簡易な施設内の利用も可能である（写真15）。

三～五か月間培養後に、秋のはじめ頃から外側にビニール、内側にタイベストなどを張って保温と庇陰対策を実施したパイプハウス内（平均温度一二～一七度程度）に移して発生を行う。培地を袋から取り出した後、コンテナまたはプランターに入れた**鹿沼土**《かぬまつち》に埋め込んで散水し、全面に穴の開いたポリエチレン製の農業用シート（いわゆる有孔ポリ）などで覆って保湿を図る。その際、鹿沼土へ埋め込む深さは表面がやや裸出する程度でよく、完全に埋設してしまうと収量が落ちる。試験では、培地重量の平均二五パーセント以上の収量が得られた（写真16）。また、埋設せずに培養菌床から発生させることも可能である（写真17）。

●菌床栽培（空調施設栽培）

ナメコ、エノキタケなどの冷暖房設備の整った空調施設を用いたビンまたは袋による栽培である（写真18・19）。二〇度で三〜五か月程度の培養で子実体が発生可能となるが、さらに期間を延ばせば収量性はよくなる。発生温度は一二〜一七度程度の通常の温度範囲で十分である。収量は、発生後六〇日間で培地重量の一五パーセント程度であった。

●収穫・出荷

菌床栽培では子実体の発生は原木栽培より時期がばらつくが、適期をのがさないで採取する。原木栽培でも菌床栽培でも傘が開きすぎるともろくなるので、傘の膜が切れる前に株ごと採取する（写真20）。包装・出荷は、野性味を生かしてできるだけ株ごとイチゴパックやトレイなどで行うのがよい（写真21）。

●子実体形状の比較（菌床栽培と原木栽培）

子実体の「傘の直径」「傘の厚さ」「柄の長さ」「柄の直径」の四項目について、菌床栽培と原木栽培による形状を比較した。結果は、菌床栽培による子実体が、原木栽培より傘の径が大きくなる傾向にあった。その他は、原木栽培の柄が多少長めなだけで、差はみられなかった。

クリタケの加工および調理方法

●加工品とその特徴

保存法としては、いずれの方法にも適合するため、乾燥、塩漬け、ビン詰、冷凍などで家庭用として使われている。保存しておいて、民宿、旅館、家庭などで特に冬に利用する例も多い。

●保存方法

クリタケは子実体の発生期間の短いことが欠点であるが、幸いなことに加工・貯蔵ができるので一年中食べることができる。生の値段が安い時に加工・保存し、後で販売してもよい。

・塩蔵保存法

①石づきを取って軽く茹でてから、きのこについたゴミなどをていねいに取り除く。

②桶や樽、ビンなどの容器の底に多めに塩を敷き、その上にきのこを並べる。その上にまた塩、きのこ……という順番で重ねていき、一番上のきのこの上に多めに塩をふったら、上から押して隙間をなくし、必ず落としぶたをして、その上に重石をのせてふたで密封する。

③水がしみ出てきたら、汲み出してさらに重い石に代える。
④一～二か月で漬け上がる。料理に利用する際には、半日ほど水に浸して塩出ししてから使う。

●乾燥保存法

シイタケの乾燥と同じ要領で行うことができるが、きのこはかなり小さく縮む。乾燥法には天日で干したり、風が通る場所に吊り下げたりする自然乾燥と熱風乾燥機や炭火、ガスなどの火力を利用する人工乾燥がある。

自然乾燥のやり方は、きのこのゴミや汚れをきれいに取り除き、太めの糸に適当な数ずつ刺し通した後、風通しのよい軒の下などに吊るすほか、ざるやござの上にきのこが重ならないように並べて天日干しする方法もある。雨天や湿度が高い日が続いたりすると、すぐにカビが生えたり腐ったりしてしまうため、三～四日好天が続く時に直射日光を利用して一気に乾燥させてしまうのがよい。

一方、火力を利用する時は、きのこを火にあまり近づけると、焦げたり、乾燥ムラを起こしてしまったりするので要注意である。全体がよく乾くようにするには、「遠火の弱火」で行うとよい。その意味でもガスよりは炭火の方が望ましい。

また、ざるに並べて冷凍庫に入れておいても、乾燥きのこをつくることができる。乾燥したら、ビニール袋で保管する。

●冷凍保存法
石づきを取ってそっと洗い、鍋で沸騰した湯に入れ、ゆがく程度ですぐに引き上げる。流水でゴミを洗い流してから一回の使用量ずつポリ袋に入れ、煮汁も少し入れて（家庭用の冷凍庫では水分が抜けることがある）、冷えてから冷凍庫で冷凍する。使用する時は解凍し、煮汁も一緒に使用する。

●佃煮にして冷凍保存
石づきを取ってさっと洗い、水を入れないで生醤油と酒、みりん少々で煮しめる。このまま食べてもおいしいが、一度に使用する分ずつポリ袋に入れて冷凍庫に入れておくと一年中使用できる。ただ解凍して食べてもよいが、炊き込みご飯やけんちん汁にしてもよい。

●ビン詰保存法
きのこの風味を損なわず、長期間保存するのに適した方法が、このビン詰法である（写真22）。家庭でも行えるつくり方の手順を以下に紹介する。
①きのこを水できれいに洗い、適当な大きさに切って水を切る。
②きのこ内の空気を抜くために、きのこを茹で、これを用意した広口ビンの八分目あたりまで詰め込む。

③きのこを詰めた上に、ビンの容量の一パーセント程度の塩をふりかける。その上から熱湯を八分目あたりまで注いだら、一度、菜箸などでよくかき混ぜてビン内の気泡を抜き、さらにビンの肩口まで熱湯を注ぐ。

④これにふたをし（ビン内の空気が抜ける程度）、大きめの鍋に並べたら、ビンの肩まで埋まるようにお湯を注ぎ入れ、火にかけて煮沸する。煮沸時間は、きのこの大きさにより多少異なるが、クリタケは比較的小さいので、三〇分程度でよい。

⑤煮沸が終わったら、ビンを取り出し一〜二分以内にふたを強く締め直す。半日〜一日経過して、ふたの中央がややくぼんでいれば、ビン内の空気が完全に抜けている証拠なので、これを目安にする。

⑥仕上がったビン詰は、冷暗所において保管する。

・水煮缶詰にして保存

ビン詰加工よりも大がかりな施設が必要なため、家庭で行うのは難しいかもしれないが、山菜加工所などに委託して製造してもらうこともできる。また、巻締め機、大釜、金網カゴ、脱気施設があればよく、共同使用ならば十分取得可能な範囲の施設である。製造工程は、ナメコの水煮缶詰製造とほぼ同じでよい。

●調理方法

・天ぷら、フライ

石づきを取ったクリタケをさっと洗い、布巾で水気を取り、ころもをつけ、中温の油でからりと揚げる。

・味噌煮込みうどん

クリタケは、うどんと大変に相性がよい。特にクリタケの入った味噌煮込みうどんの評判が高い。乾燥品を水で戻して、冬の間に食べられている。クリタケの根もととゴミは取っておく。千切りしたニンジン、薄く角切りしたカボチャ、適当な大きさに切った鶏肉などを用意する。だし汁・味噌・醤油・みりんなどで味をととのえ、うどんと具を入れ、一〇分ほど中火で煮込む。

・きのこめし

クリタケを植物油で軽く炒め、醤油、酒を加えて下味をつけておく。ご飯が炊き上がる直前にこれらを汁ごと入れて蒸らし、炊き上げる。炒めご飯や釜めしにも合う。

・けんちん汁
ダイコン、ニンジン、サトイモ、ゴボウ、コンニャク、クリタケを油で炒め、だし汁を加え、醤油、調味料を入れて煮る。

・すき焼き、寄せ鍋
味の濃厚な具が多く入るので、クリタケ自体の味はよくわからなくなるが、見た目は美しく、クリタケの歯切れのよさが生きる。

4 ヌメリスギタケ

ヌメリスギタケとは

ヌメリスギタケ（*Pholiota adiposa*）は、ナメコと同じモエギタケ科スギタケ属に分類されるきのこである。ナメコとの最も目につく相違点は、きのこ全体にささくれ状の鱗片を密につけていることである。

日本、中国、北アメリカ、ヨーロッパに広く分布する。同じスギタケ属でも、ナメコがほぼ日本の固有種であるのに対して、ヌメリスギタケは世界的に分布する。

日本では北海道と本州全土に発生する。里山から奥地の山まで、比較的幅広く自生しており、広葉樹の倒木、切り株に多くみられる（写真23）。ヌメリスギタケモドキ、チャナメツムタケなどと同様にきのこ狩りの人々の中ではおいしいきのことして定評がある。人工栽培は、昭和五〇年代後半から原木栽培で試験栽培が行われ、昭和六〇年代からは菌床栽培により研究が進められて長野県、福岡県で一部実用化されている。

栽培が広く一般に普及してはいないため、ヌメリスギタケとして定着した加工製品はまだみられない。しかし、ナメコで可能な製品は、ほぼ同じ方法で加工できる。また、クセのない味のため、他の栽培きのこや野生きのこと混ぜてビン詰などに供することや、味噌汁、炒め物、煮物と幅広い利用が可能である。

一般成分については、他のきのこと比較して特に際立った成分特性はないが、同属のナメコと比較するとカリウム、リン、亜鉛、銅などの無機質を多く含むのが特徴である。

食用としての利用が第一に考えられるが、きのこ類に共通した成分が含まれていることから、今後の健康食品としての利用開発が期待される。

「きのこ種菌一覧」によると、種菌メーカーからは原木栽培用として一品種が発売されている。

ヌメリスギタケの栽培技術

●原木栽培法

原木での栽培は、長さ約一メートル、直径一〇～一五センチメートル程度の広葉樹の原木に冬から春に種菌を接種して、仮伏せした後、六月頃林内に埋め込み、二～三年後の子実体の発生を待つ粗放的な方法でよい（写真24）。長野県での栽培事例では、発生後二年間で原木一本あたり三〇〇～四〇〇グラム程度収穫できた。

●菌床栽培法

ナメコとほぼ同様の方法でよく、ブナなどの広葉樹のおが粉にフスマ、トウモロコシヌカなどの栄養材を添加し、容器はビン、袋を用いる（写真25）。長野県の例では、傘が七～八分開いた頃に株ごと収穫している。収量としては、一ビンあたり一三〇グラム程度は可能である。同じく長野県での栽培事例では、培地二・五キログラム詰めの袋栽培で一袋あたり六〇〇～七〇〇グラムの収量が得られている。

●収穫上の留意点

傘が開くと、もろく割れやすくなるので、加工する場合もできるだけ傘の膜が切れる直前に収穫した方がよい。柄は、菌床栽培では比較的軟らかいが、原木栽培では硬い部分が増加する。菌床栽培では株取りのままでも石づきを取れば利用できるが、原木栽培のきのこは柄を二～三センチメートルに切った方が利用しやすい（写真26）。

ヌメリスギタケの加工および調理方法

●加工品とその特徴

傘の鱗片が目立つが、水洗いなどをするとすぐに脱落してしまうため、調理後はほとんど目立たなくなる。柄は、シャキシャキとして大変に歯応えがよい。菌床栽培のきのこは、原木栽培に比較すると小型で柄は軟らかくなる。原木栽培のきのこは逆に、柄の下部が硬すぎることがあるので、注意して利用する必要がある。以下に、家庭で行える保存用の加工方法を示す。

●保存法方

・塩蔵保存法

塩蔵は、手間がかからないので、きのこ狩りのさかんな東北や関東甲信地方では古くから一般的に行われている方法である（94ページ参照）。ごく少量なら家庭用のプラスチック製食品保存容器などでもよいが、大量に漬ける場合は専用のビンや樽などを用意する（図10）。

・乾燥保存法

水分を抜いて保存する方法である。天日や風にさらす自然乾燥とガスや炭火で乾燥させる人工乾燥がある（95ページ参照）。

・冷凍保存法

塩分を使わずに簡単に保存でき、きのこの色や姿が比較的変化しないで残るので、きのこ本来の姿や形を楽しみたい時にはこの方法が向いている（96ページ参照）。また、味噌汁の具などにする場合、半解凍のまま煮立った汁に入れれば使えるので、戻す手間がかからない利点がある。

・ビン詰保存法

塩蔵法に比べて、食べる時に塩出しの必要がなくてよいが、製造手順がやや面倒である（96ページ参照）。ヌメリスギタケはクリタケよりやや大きいため、煮沸時間は四〇分とする。

●おすすめの料理

一例として、ニンニク煮を紹介する。一口大に切ったきのこを茹でて水気を切り、鍋に入れる。砂糖、醤油、日本酒、ニンニク少々を入れて好みの味に煮つける。

5　その他のきのこ

ヌメリスギタケモドキ

ヌメリスギタケモドキ（*Pholiota cerifera*）もナメコ・ヌメリスギタケと同様に、スギタケ属に属する木材腐朽菌で、春から秋に各種広葉樹の立木または枯れ木の幹の上に束生する（写真27）。ヌメリスギタケに比べてきのこが大きくなる点や傘の鱗片がやや粗い点が異なる。培養試験の結果、両者とも二五度付近が菌糸伸長最適温度だが、伸長量はヌメリスギタケモドキの方が相当に上回った。また、培養温度二〇度でも培養二か月程度からさかんに原基形成が見られ、ナメコやヌメリスギタケに比べてより培養期間が短く、さらにすみやかに子実体が発生するきのこと思われた。

菌床による試験栽培はやはりナメコに準じたが、培養中の原基形成が著しいため培養を早めに切り上げ、形成された原基をそのまま生長させる方法と、接種した種菌部分と形成された原基をかき取る菌かき（子実体の形をそろえたり、発生を促すための工程）を行う方法とを比較した。この結果、菌かきを行わない方法が、収穫時期は早く収量も上がったが、菌かきを行ってもその後の原基形成はさかんで収量もよく、つくりやすいきのこと判断された。

また、形成されたきのこはヌメリスギタケ同様に柄が長く、個重もナメコの五倍程度となっており、ナメコによく似た大型のきのことという点（写真28）で、また変わった料理法が楽しめるものと思われる。
さらに、ナメコやヌメリスギタケと同様の方法で原木栽培も可能である（写真29）。

チャナメツムタケ・シロナメツムタケ

●チャナメツムタケ

チャナメツムタケ（*Pholiota lubrica*）もモエギタケ科スギタケ属に分類される。傘は、レンガ色または赤褐色で、表面には粘性があり、小鱗片が点在する。秋、林内の地面、半ば土に埋まった枯れた幹の上（広葉樹および針葉樹）またはその周辺に発生する（写真30）。

野性的な風味があり、ぬめりも強く舌ざわりがよいきのこである。充実した歯応えもあり、味噌汁、けんちん汁や鍋物用に人気がある。俗名としてジナメコ、ツチナメコと呼ばれてきのこ狩りの人々に親しまれている。

長さ一メートル、直径一〇センチメートル程度のコナラ原木を用いた普通原木栽培で、子実体の発生は可能である。コナラ、スギ、ヒノキのいずれの原木でも子実体は発生するが、広葉樹が最も適している。収量は多くなく、最もよい栽培例でも、接種後三年間通算で原木一本あたり四〇グラム程度である。したがって、大量に生産するためには、品種開発および栽培技術の改良がさらに必要である。現時点で可能な範囲での栽培方法を紹介する。

「きのこ種菌一覧」を見てもチャナメツムタケの品種は掲載されておらず、一般的に種菌は販売されていない。種菌製造には特殊な設備および技術がいるため、種菌を手に入れるためには、野生株をもっている公設試験場などに製造してもらう必要がある。野生の子実体を採取して公設試験場などに相談してみることも一案である。

チャナメツムタケは菌糸体の伸長が遅く、木材の腐朽力もシイタケ、ナメコなどの原木栽培されているきのこに比較すると小さいため、種駒の作製には時間を要する。そのため、おが粉種菌を作製して接種に用いる方法が適している。野生株を用いておが粉培地（広葉樹おが粉一〇：フスマ一〔容積比〕、含水率六三パーセント程度）で種菌を作製し、これを四月に接種して封蝋する。

五月中～下旬まで仮伏せをし、林内に接種当年は接地伏せを行い、翌年四月には、同じ林内で原木を地面に半分埋め込む。発生時期は一〇月下旬～一一月中旬の晩秋である（写真31）。子実体は原木から直接発生するものと原木からやや離れた地面から発生するものがある。

●シロナメツムタケ

シロナメツムタケ（*Pholiota lenta*）もモエギタケ科スギタケ属に分類される。傘は汚白から白茶色で、表面には著しい粘性があり、小鱗片が点在するが消失しやすい。秋、マツ科およびブナ林の地上、または腐朽した木の上に群生または束生する。

やや土臭いと言われることもあるが、野趣豊かな風味が好まれる。汁物や中華風の炒め物などに利用されている。粘性が強いことから汚れが落ちにくいので、茹でてゴミを除いてから利用する方がよい。

長さ一メートル、直径一〇センチメートル程度のコナラ原木を用いた普通原木栽培で子実体の発生は可能である（写真32）が、菌床栽培での発生の報告はない。筆者の試験例でも普通原木栽培の収量は極めてわずかであった。ただし、原木栽培と菌床栽培を折衷した殺菌原木栽培を行うとやや収量性は向上する。「きのこ種菌一覧」を見てもシロナメツムタケの品種は掲載されておらず、一般的に種菌は販売されていない。今後、収量性向上のため品種開発の必要があり、マイタケなどの殺菌原木栽培との複合作目の一つとして期待される。なお、殺菌原木栽培については、里山を活用したきのこ栽培法として、他のきのこ類も含めて章を改めて紹介する。

第3章

「おいしさ」を追求する

――ナメコの味の見える化

ナメコ

現在、ナメコ生産量の九九パーセント以上が菌床栽培による（二〇二二年・林野庁資料[*1]）。ナメコの消費量は圧倒的に東日本に多く、ぬめりの苦手な西日本では伸びていない。また、食べ方は味噌汁、おろし和え、鍋物などに限られる傾向にある。生産量の増大に対して消費の拡大が緩やかなため、一九九四（平成六）年頃から単価の下落傾向が続いている（112ページ図11）。その中で、生産者としてはコストダウンのため、短期間に多収量が得られる品種が最優先に選択されてきた。

しかし、消費拡大のためには、効率性一辺倒を見直し、これまであまり重視されてこなかった「食べておいしいきのこ生産」を目指すことも大切と考えられる。その一環として、農工研と共同して「おいしさ」に着目したナメコ栽培技術の開発に二〇一六年度から着手した。これまでの研究概要を以下に紹介することで、きのこの消費拡大への一助としたい。なお、紹介する研究の一部は、文部科学省科学研究費（課題番号：21K05721）の補助を得て実施したものである。

1　味を客観的に評価する

味の数値評価

人が感じる「味」は主観的な指標であり、客観的な評価が難しいと考えられてきた。しかし、味は食品として重要な要素であり、数値による客観的評価は、商品のブランド化の促進に大きな貢献を果たすはずである。

味の数値評価を考えるにあたり、まず、「『おいしさ』とは何か」を、調べてみた。『おいしさの見える化』[*2]によると、「おいしさは口の中で発生するのではなく脳で発生する現象です」とある。人が食物を食べたり飲んだりして、口の中で咀嚼した情報は信号として脳に伝わる。その際に影響する要因には、「食品そのもののもつ要因」と「人間の脳の要因」がある（次ページ図12）。

食品要因は、物質要因（味物質、香り物質、組織構造・外観、色など）と情報要因（素材情報、つくり手・製法情報、健康機能情報、おすすめ情報など）に分けられる。一方、人間の脳の要因も、個人的要因（記憶・食経験、健康状態、空腹感など）と環境要因（食べる場面、期待感など）に分かれる。したがって、「おいしさ」とは、さまざまな要因が人の脳の中で統合されて発生する情報と言える。

次に、味の数値評価に際しては、これらの要因のうち何を測定することが効果的なのかを考えた。『おいしさの見える化』によると、「『おいしさ』は個人の経験や情報を総合した特性なので、人によって感じ方が違います」とある。味の数値評価の第一歩としては、これらの複雑な要素を数値化するより、まず、食品自体がもつ特性に着目した方が測定しやすいと考えた（図13）。そこで、食品自体がもつ物質要因である「味（旨味、苦味、渋味など）」「香り（マツタケの香りなど）」「食感（歯応え、口当たりなど）」のうち、人間が舌で感じる「味」を内蔵の味覚センサーで測定できる味認識装置（写真33）を用いることにし、この装置を導入した農工研と共同で、ナメコの味の数値評価に取り組み始めた。

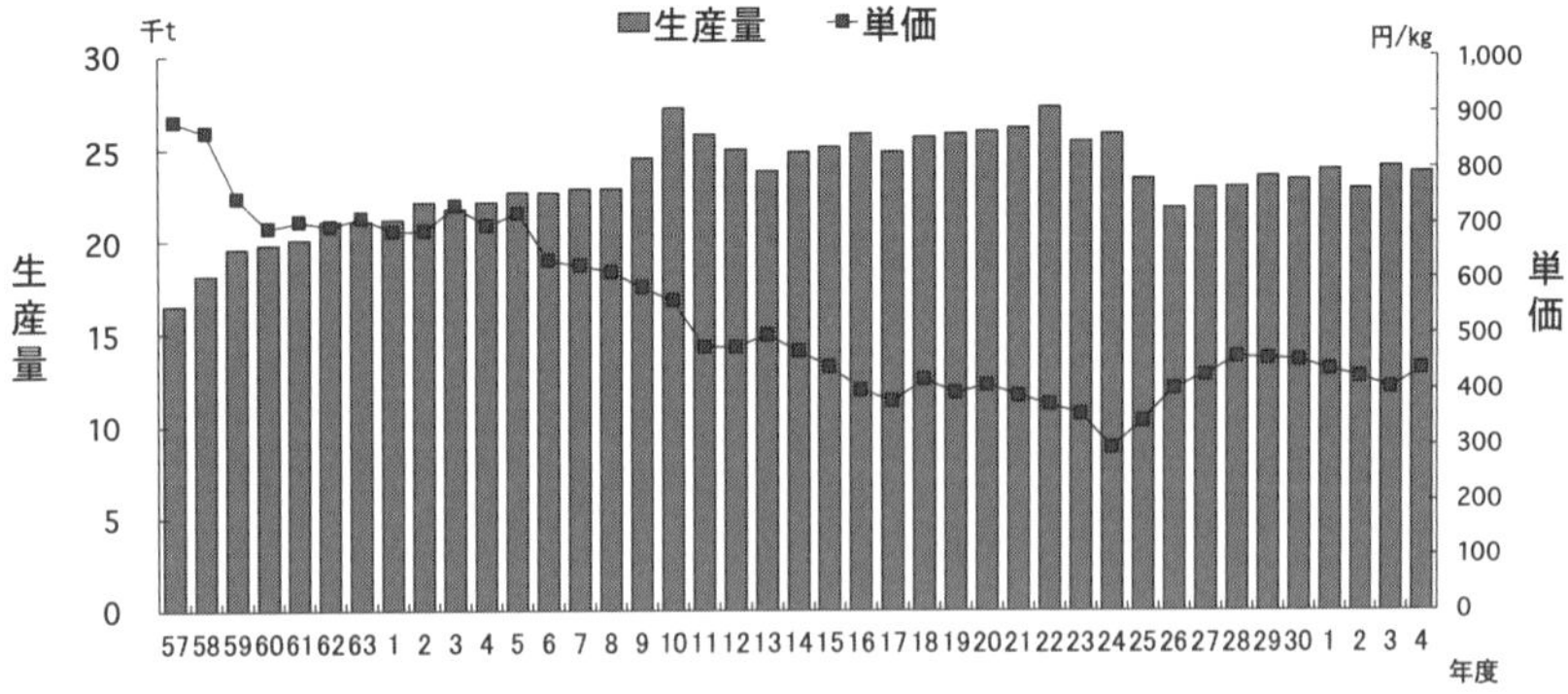

図 11　ナメコの生産動向

ナメコの消費量は圧倒的に東日本に多く、ぬめりの苦手な西日本では伸びていない。また、食べ方が限られる傾向にあり生産量の増大に対して消費の拡大が緩やかなため、1994（平成 6）年頃から単価の下落傾向が続いている。年度は左から昭和・平成・令和。

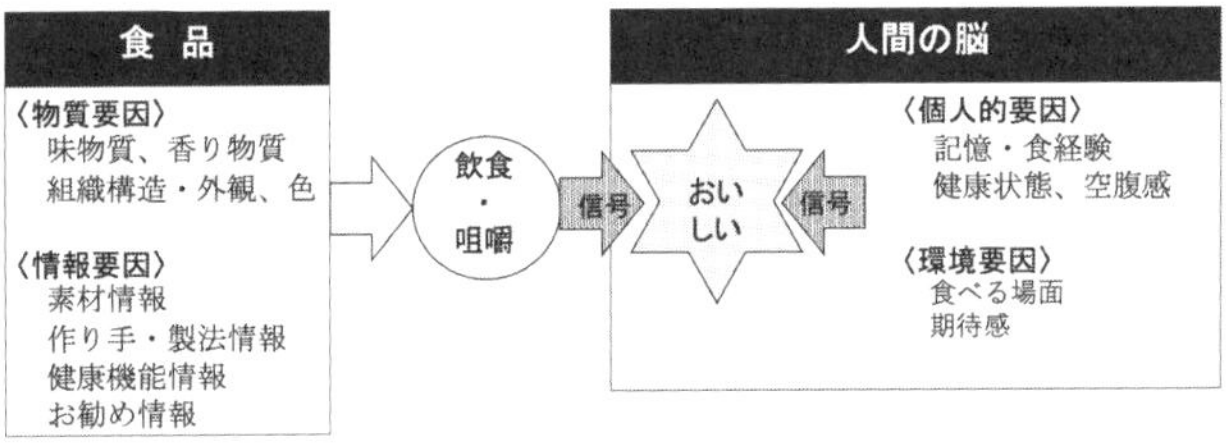

図 12　「おいしさ」はどのように発生するか

出典：角 直樹〔2019〕『おいしさの見える化』〔＊ 2〕幸書房　図表 1.8 を一部改変

消費拡大を目指すため、「おいしさ」に着目したナメコ栽培技術の開発に着手した。味を評価するにあたり、まず「おいしさ」とは何なのかを考えなければならない。

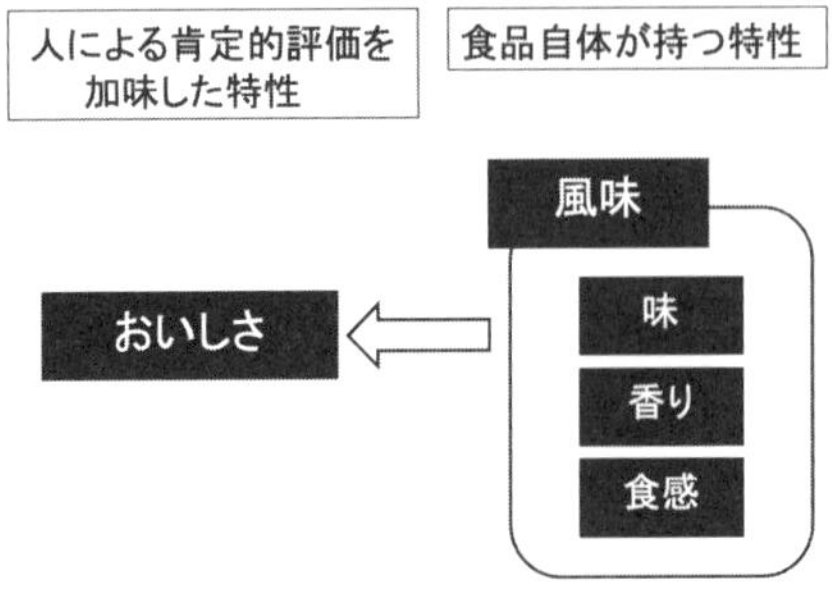

図 13　「おいしさ」「風味」「味」の定義

出典：角 直樹〔2019〕『おいしさの見える化』〔＊ 2〕幸書房　図表 1.9 を一部改変

「おいしさ」とは、さまざまな要因が人の脳の中で統合されて発生する情報と言える。味の数値評価に際しては、これらの要因のうち何を測定することが効果的なのかを考えた。まず、食品自体がもつ特性に着目することにした。

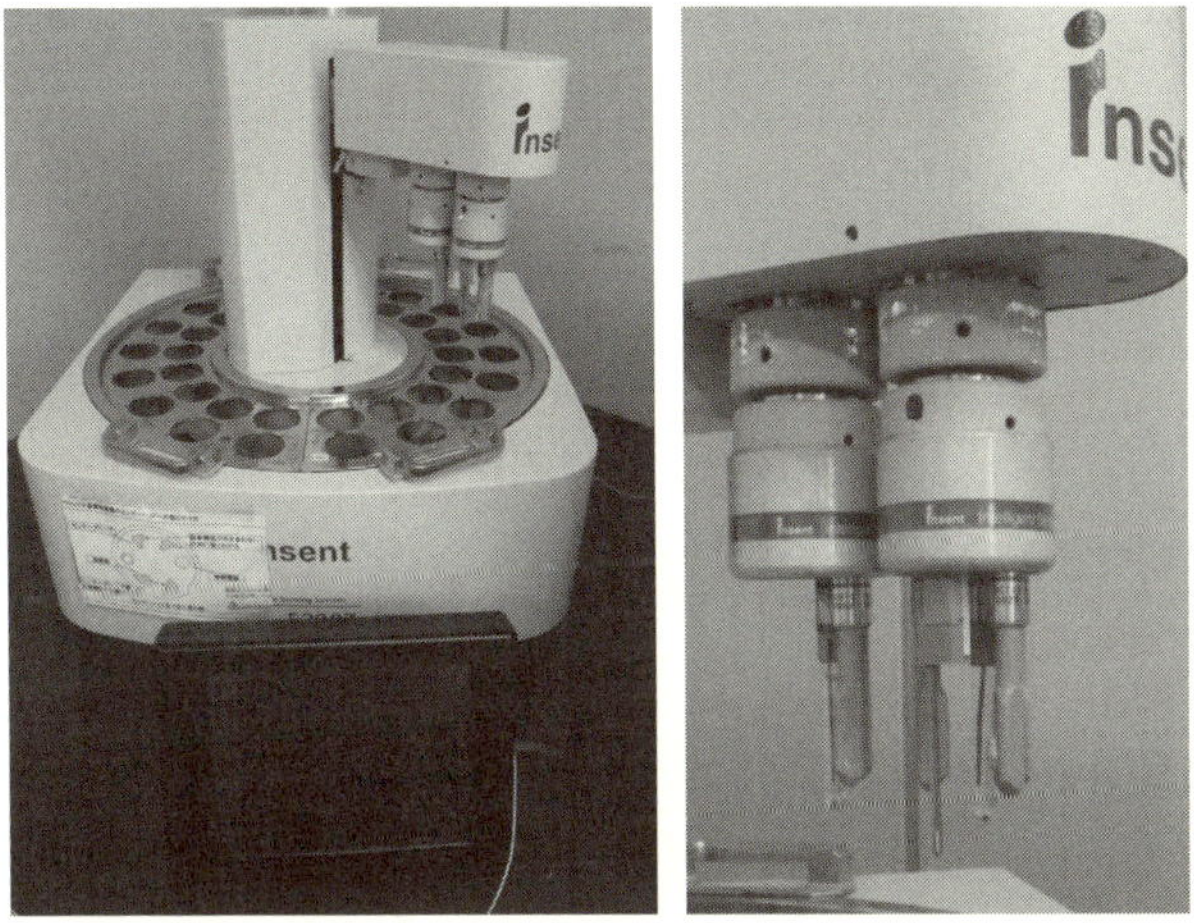

写真 33　味認識装置　TS-5000Z（〔株〕インテリジェントセンサーテクノロジー製）

食品自体がもつ物質要因のうち、人間が舌で感じる「味」を内蔵の味覚センサーで測定できる味認識装置を用いることにした。

表 11　味覚センサーで定量化されている味覚項目

出典：池崎秀和〔2013〕「味覚センサーによる味の見える化と味の最適化」〔＊ 4〕図 2 を一部改変

これまでに味覚センサーにより定量化が確認されている味覚項目を示した。味認識装置では、6 種類のセンサーで 8 種類の味が定量化できる可能性がある。

名称		味の特徴	センサー名
先味	酸味	クエン酸、酒石酸、酢酸が呈する味	酸味センサー
	苦味雑味	苦味物質由来で、低濃度ではコク、雑味、隠し味	苦味センサー
	渋味刺激	渋味物質由来で、低濃度で刺激味、隠し味	渋味センサー
	旨味	アミノ酸、核酸由来の出汁味	旨味センサー
	塩味	食塩のような無機塩由来の味、農産物の有機酸塩の味	塩味センサー
後味	苦味	一般食品に見られる苦味	苦味センサー
	渋味	カテキン、タンニンなどが呈する味	渋味センサー
	旨味コク	持続性のある旨味	旨味センサー

味認識装置

味認識装置の味覚センサーは、ヒトの生体膜を模した人工の脂質膜をつくり、電極に貼りつけたものである。味覚センサーを味溶液に浸した後、膜で起こる電位の変化量で味を感知する「人工の舌」で、膜と味物質の相互作用で分析する。味覚センサーは、塩味、酸味、甘味、苦味、旨味、渋味に応答する六種類があり、さらに一つのセンサーから「先味」と「後味」の二種類の情報を感知することができる。先味は食べた瞬間に感じる味、後味は食べ物を飲み込んだ後に口の中に残る味である。

ただし、味覚センサーは、基本味の五つと物理的刺激である渋味の計六種類には応答することができるが、味細胞で受容される味ではない辛味には全く応答しない。表11（前ページ）には、これまでに味覚センサーにより定量化が確認されている味覚項目を示した。味認識装置では、六種類のセンサーで八種類の味が定量化できる可能性がある。なお、甘味センサーも開発されてはいるが、他のセンサーと異なる特殊な構造を採用していることもあって甘味センサーによる明確な実施例は掲載されていない。

味覚センサーを用いた味認識装置は一定の限界を有しているものの、きのこの味への応用可能性を、まず検討した。

予備実験

ナメコについて味認識装置で数値評価できるか、予備実験を行った。[*3]

予備実験での味分析結果から、ナメコにある「味」は、旨味、旨味コク、苦味雑味、苦味、渋味、渋味刺激であった。特に、旨味、旨味コク、苦味雑味が多くの検討例で有意な味として検出された。

評価基準の設定

予備実験の結果から、味認識装置による味分析が、ナメコの味の数値化に有効なことを確認できた。次は、目標とする味を味認識装置で数値化する必要がある。すなわちナメコの「味の評価基準」である。たとえ暫定的であっても、これを設定しなければ、得られた数値の良否を判断できないからである。

私は、ブナ林で採取したばかりの野生ナメコを、現地で味噌汁などにして食べた時のおいしさが忘れられない。また、多くの人からも同じ体験を聞いた。そこで、富山市のブナ林へ遺伝資源収集に行った時、採取した野生ナメコについて、現地で採集参加者（男女計八名）を対象に、改めて食味官能評価を実施した。その結果（次ページ図14）、えぐみも少なく、全般的に高い評価が得られた。

野生ナメコ子実体がおいしいとの官能評価が得られたので、野生子実体を味分析に供した。その結果（図15）、「苦味雑味値が小さく旨味値が大きいこと」が認められた。これをおいしいナメコの評価基準とした。

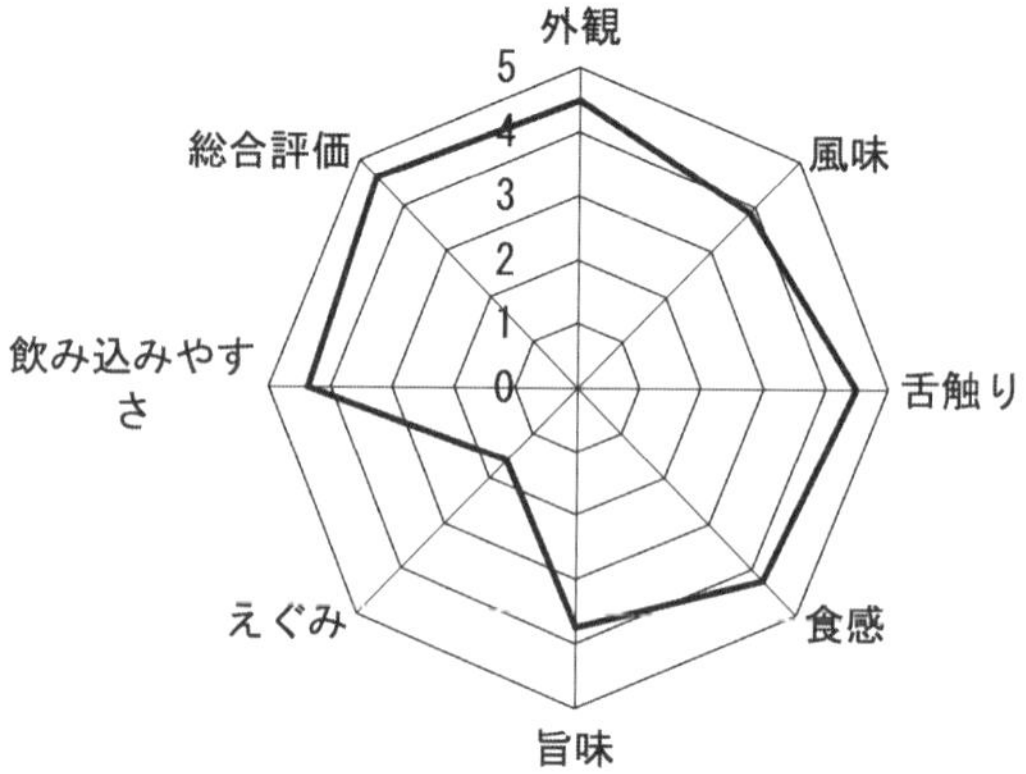

図 14　採取直後の野生ナメコ（富山市有峰湖周辺）の食味官能評価結果
点数（えぐみ以外）：非常に悪い（弱い）＝1、悪い（弱い）＝2、どちらでもない＝3、良い（強い）＝4、非常に良い＝5、えぐみ点数：とても強い＝5、強い＝4、どちらでもない＝3、弱い＝2、とても弱い＝1、対象者：採集に参加した男女8名。
――ブナ林で採取したばかりの野生ナメコを、現地で味噌汁などにして食べた時のおいしさが忘れられない。多くの人からも同じ体験を聞いた。そこで、富山市のブナ林へ遺伝資源収集に行った時、採取した野生ナメコについて、現地で採集参加者（男女計8名）を対象に、改めて食味官能評価を実施した。結果、えぐみも少なく、全般的に高い評価が得られた。

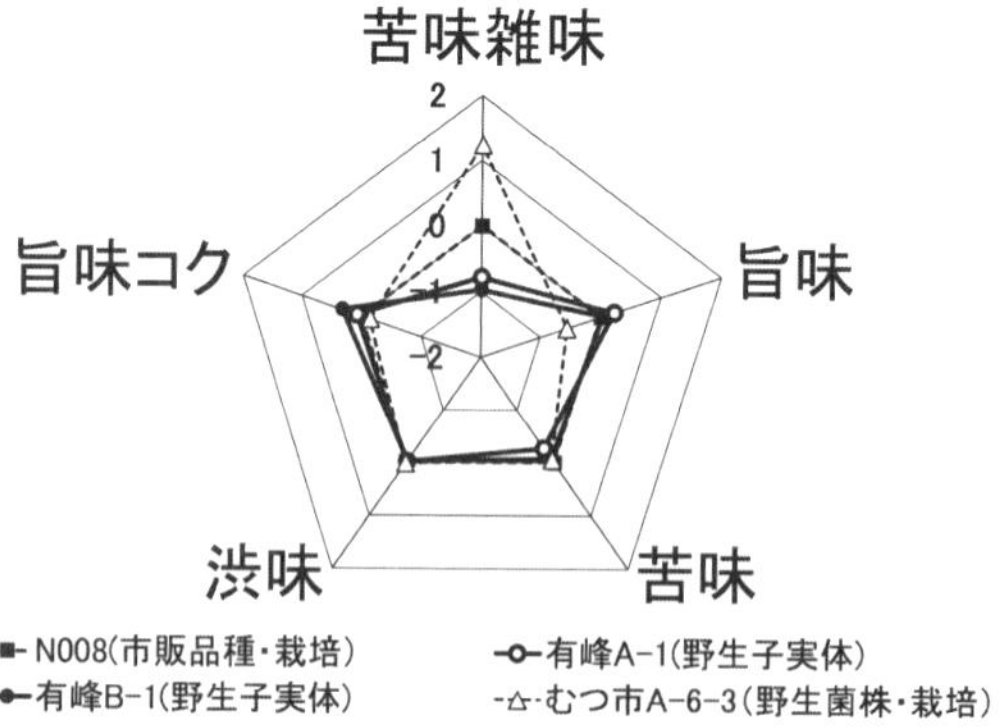

図 15　野生ナメコ子実体の味分析結果（市販品種 N008 の値を 0 として換算）
市販品種（対照）：N008、野生菌株（対照）：むつ市 A-6-3、野生子実体：有峰 A-1・有峰 B-1。
――野生ナメコ子実体がおいしいとの官能評価が得られたので、野生子実体を味分析に供したところ、「苦味雑味値が小さく旨味値が大きいこと」が認められた。これをおいしいナメコの評価基準とした。

2　選ばれし美味きのこ

本書第2章「ナメコ野生株の空調施設栽培による特性評価」（59ページ）において、栽培特性調査の結果を述べた。同時に、この試験で得られたナメコ子実体を用いて味分析を行い、「苦味雑味値が小さく旨味値が大きいこと」の評価基準にしたがって、優良素材の選抜を試みた。

得られた子実体は、第2章の写真2（39ページ）に示している。また、味分析結果の旨味値と苦味雑味値によって散布図（次ページ図16）を作成して「味を見える化」した。その結果、苦味雑味値が小さく旨味値が大きい野生株五菌株が選抜できた。第2章で述べたようなナメコ野生株の空調施設栽培での効率性を基準にすると、三菌株が選抜できた。

この結果を見比べると、両基準ともに選ばれた野生株が一菌株あることがわかった。石川県白山山麓で採取したこの菌株を、一定の効率性とおいしさを兼ね備えた優良育種素材として選抜した。

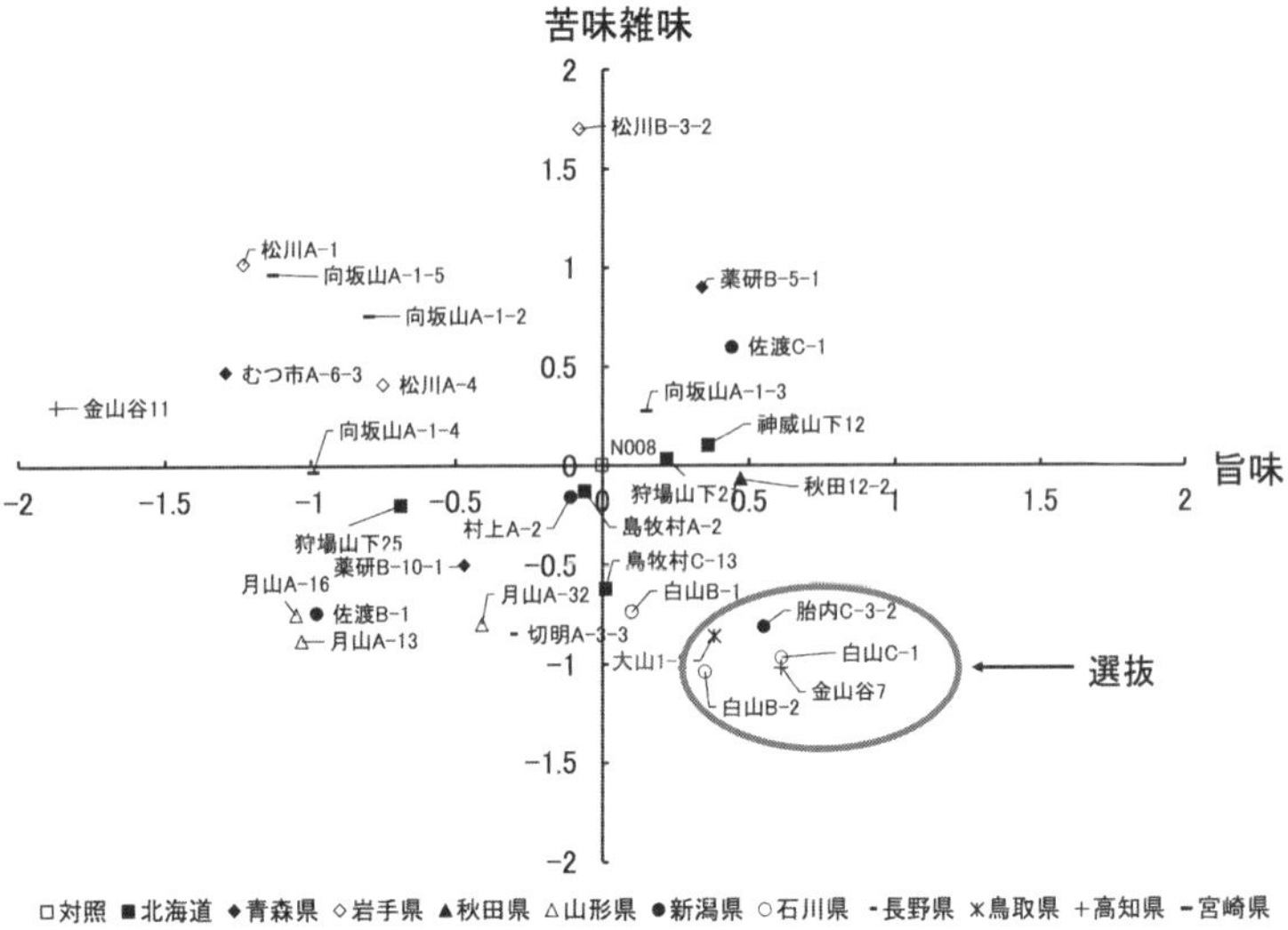

図 16　ナメコ野生株の味分析結果（旨味値・苦味雑味値による散布図：市販品種 N008 の分析値を 0 として換算）

味分析結果の旨味値と苦味雑味値によって散布図を作成し「味を見える化」した結果、苦味雑味値が小さく旨味値が大きい野生株 5 菌株が選抜できた。

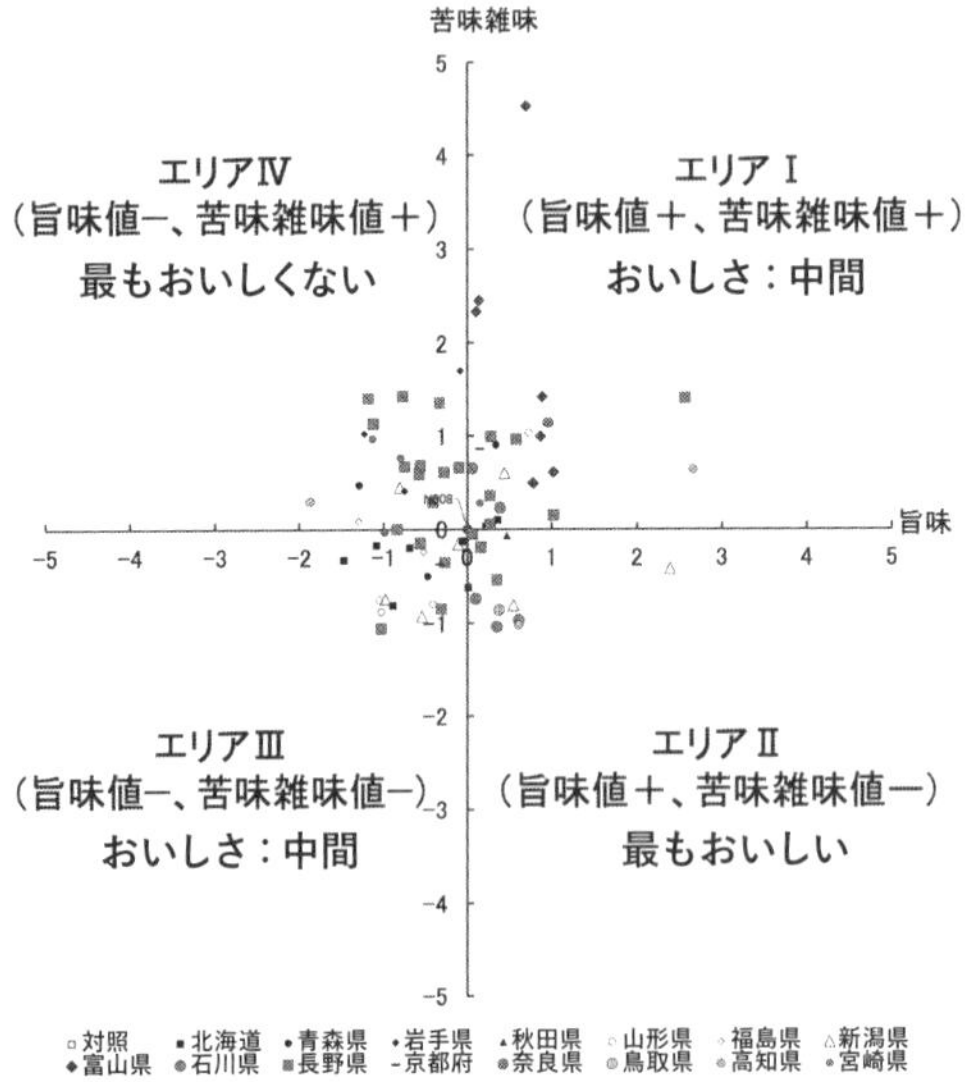

図 17　味分析結果（旨味値・苦味雑味値による散布図）とエリア区分

優良素材の選抜に用いた 46 菌株の味分析結果に、長野県内および近隣県 6 地域のブナ林内で収集した 30 菌株の結果を新たに加えて、市販品種 N008 を 0 とした値に換算して統合し、旨味値と苦味雑味値の散布図を作成した。おいしいナメコの評価基準「苦味雑味値が小さく旨味値が大きいこと」を適用すると、エリアⅡが最もおいしいエリアとなり、エリアⅣが最もおいしくないエリアとなる。

3　おいしいきのこは○○県にあり？

全国からナメコの野生株を収集して味分析によって菌株を選抜したが、菌株の採取地域によって味の傾向があるのか、おいしい菌株を採取するのに適した地域があるのか、すなわち「ナメコの味に地域間差はあるのか」に興味がわいた。

そこで、優良素材の選抜に用いた四六菌株の味分析結果に、長野県内および近隣県の六地域のブナ林内で収集した三〇菌株の結果を新たに加えて、市販品種Ｎ００８をゼロとした値に換算して統合し、旨味値と苦味雑味値の散布図を作成した（図17）。図17に示した通り、散布図の座標を四エリア（Ⅰ：旨味値＋・苦味雑味値＋、Ⅱ：旨味値＋・苦味雑味値－、Ⅲ：旨味値－・苦味雑味値－、Ⅳ：旨味値－・苦味雑味値＋）に区分した。おいしいナメコの評価基準「苦味雑味値が小さく旨味値が大きいこと」を適用すると、エリアⅡが最もおいしいエリアとなり、エリアⅣが最もおいしくないエリアとなる。まず、供試した野生菌株の採集地によって、日本国内を三つの地域（東日本地域：北海道・青森県・岩手県・秋田県・山形県・福島県、関東・中部地域：新潟県・富山県・石川県・長野県、西日本地域：京都府・奈良県・鳥取県・高知県・宮崎県）に区分した（次ページ表12）。次に、図17に示した味分析結果を基に、地域ごとに属するエリアの菌株数の頻度分布図を作成した（図18）。なお、市販品種Ｎ００８と富

エリア	Ⅰ	Ⅱ	Ⅲ	Ⅳ	計	地域区分
原点					2	
北海道	2	1	5	0	8	東日本
青森県	0	1	1	1	3	
岩手県	0	0	0	3	3	
秋田県	0	1	0	0	1	
山形県	1	0	3	0	4	
福島県	0	0	1	1	2	
新潟県	1	2	3	1	7	関東・中部
富山県	7	0	0	0	7	
石川県	2	3	0	0	5	
長野県	6	3	4	11	24	
京都府	1	0	1	0	2	西日本
奈良県	1	0	0	0	1	
鳥取県	0	1	0	0	1	
高知県	1	1	0	1	3	
宮崎県	1	0	1	2	4	
全国	23	13	19	20	75	
比率	31%	17%	25%	27%	100%	

原点の 2 菌株 N008、富山県有峰 A-6 はエリア区分からは除外

表 12　採取地の地域区分とエリア別菌株数
供試した野生菌株の採集地によって、日本国内を三つの地域（東日本地域、関東・中部地域、西日本地域）に区分した。

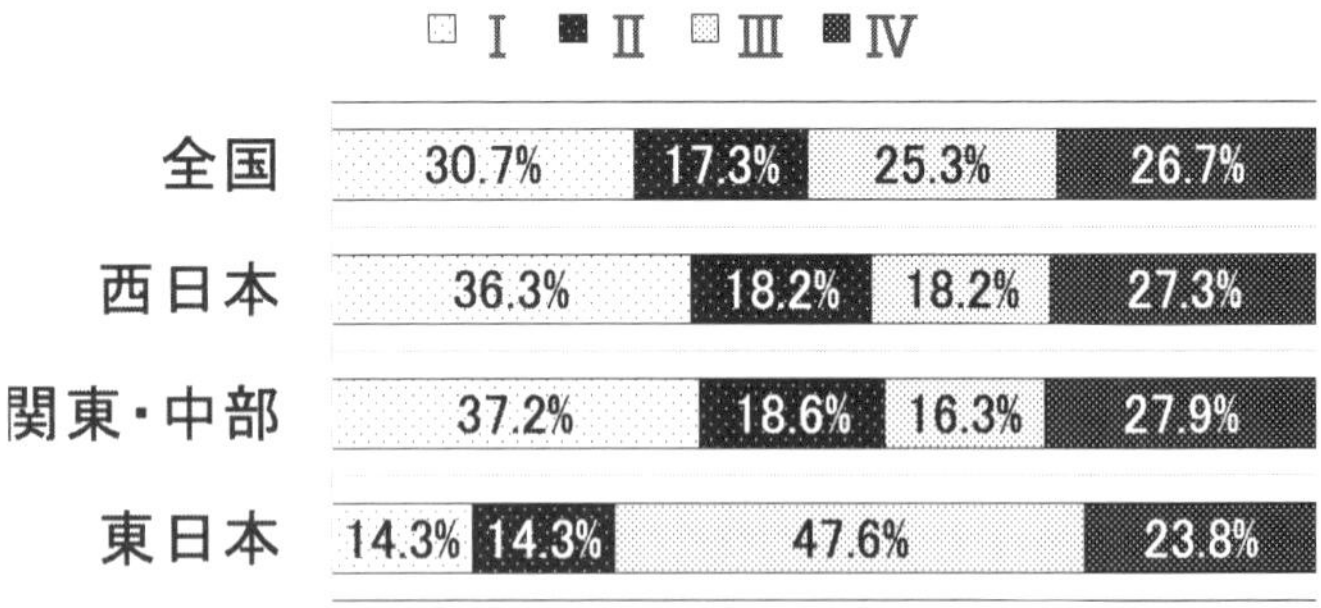

図 18　地域別のエリア別菌株数（Ⅰ：旨味値＋・苦味雑味値＋、Ⅱ：旨味値＋・苦味雑味値－、Ⅲ：旨味値－・苦味雑味値－、Ⅳ：旨味値－・苦味雑味値＋）
エリアⅡ：最もおいしい、エリアⅣ：最もおいしくない、エリアⅠ・Ⅲ：おいしさ中間
――図 17 に示した味分析結果を基に、地域ごとに属するエリアの菌株数の頻度分布図を作成した。東日本からの採取菌株はエリアⅢに入る菌株数が全体の 48 パーセントあり、東日本は苦味雑味値の小さい菌株が多いことが認められた。

山県採取の一系統は同じ味分析値で、ともに原点ゼロとなるためエリア区分からは除外した。図18から、東日本からの採取菌株はエリアⅢに入る菌株数が全体の四八パーセントあり、東日本は苦味雑味値の小さい菌株が多いことが認められた。さらに、五系統以上の供試菌株がある県について県別のエリア区分の菌株頻度分布図を作成した（次ページ図19）。図19から以下の三点が認められた。①おいしいナメコの評価基準に最も適合するエリアⅡの菌株が多い県は、石川県と新潟県であった。②富山県はエリアⅠに入る菌株が一〇〇パーセントであり、旨味値の大きい菌株が多かった。北海道はエリアⅢに入る菌株が六三パーセントで、苦味雑味値が小さい菌株が多かった。③長野県は、エリアⅣに入る菌株が四六パーセントあり、おいしいナメコの評価基準に適合しない菌株が多かった。

以上の結果から、今回の「問い」に対して以下の三点を考察した。①長野県近隣県では、おいしい菌株の採取には石川県、新潟県、富山県が適していた。②長野県内は、苦味雑味値が大きく旨味値が小さい菌株が多かった。③旨味値が大きく苦味雑味値が小さい県は石川県、旨味値が大きいのは富山県、苦味雑味値が小さいのは北海道および新潟県など、採取地に関して一定の地域間差がみられた。今後、おいしいナメコの菌株採取を効率的に進めるために参考になる結果が得られた。ただし、結果的に最もおいしいエリアⅡには、石川県から三菌株、長野県から三菌株が入ったので、長野県内でもおいしいナメコの菌株は得られることは一言添えたい。

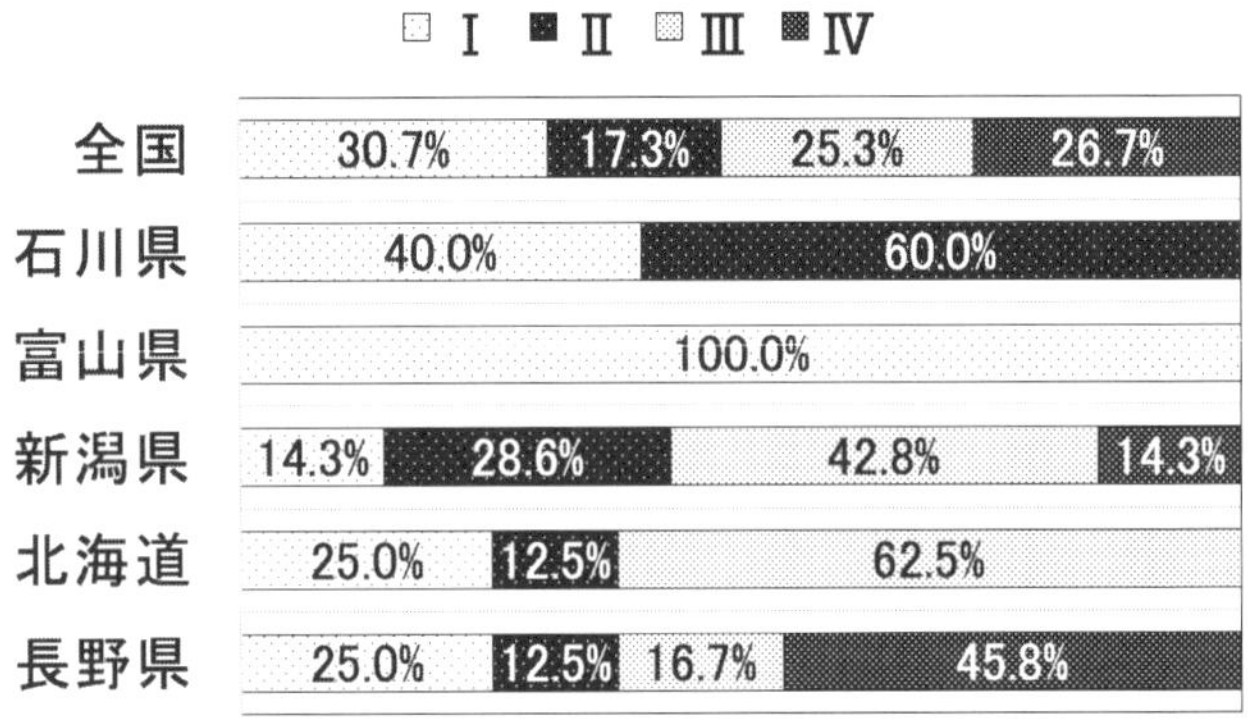

図19　県別のエリア別菌株数（Ⅰ：旨味値＋・苦味雑味値＋、Ⅱ：旨味値＋・苦味雑味値－、Ⅲ：旨味値－・苦味雑味値－、Ⅳ：旨味値－・苦味雑味値＋）
エリアⅡ：最もおいしい、エリアⅣ：最もおいしくない、エリアⅠ・Ⅱ：おいしさ中間
―― 5系統以上の供試菌株がある県について県別のエリア区分の菌株頻度分布図を作成したところ、おいしいナメコの評価基準に最も適合するエリアⅡの菌株が多い県は、石川県、新潟県であった。

おいしいきのこ生産

＝ 品種 × 生産技術 × 流通・保存

➡おいしいきのこを消費者に届ける

図20　おいしいきのこを食卓へ届けるための3つの条件
おいしい品種とおいしくなる生産技術を駆使しても、流通や保存の方法が適切でないと、おいしく食べることはできない。

写真34　ナメコの主な商品形態（左：足切りナメコ、中央：株取りナメコ、右：大粒ナメコ）
現在のナメコの商品形態は、「足切りナメコ」「株取りナメコ」「大粒ナメコ」の3つに大別される。

4　冷蔵保存で旨味アップ

おいしいきのこを食卓に届けるには、「品種」「生産技術」「流通・保存技術」の三つがそろう必要がある（図20）。おいしい品種とおいしくなる生産技術を駆使しても、流通や保存の方法が適切でないと、おいしく食べてもらうことはできない。

現在のナメコの商品形態は、「足切りナメコ」「株取りナメコ」「大粒ナメコ」（写真34）の三つに大別される。

「足切りナメコ」は、昭和五〇年代後半に広口ビンを用いた生産方法が確立されて以来、主力の商品形態になっている。収穫時にきのこの柄を二～三センチメートルに切りそろえたのち、「ふるい機」にかけて傘の径級別に選別する。この際、水洗いと選別は、ほぼ一体で行う方法で、選別後にきのこ一〇〇グラムほどを小袋に入れて脱気・包装して出荷する。

今では、規格の多様化が進み、足切りナメコの他に、「株取りナメコ」「大粒ナメコ」などの水洗いしない商品形態も増えた。

これらの市販商品を用いた味分析結果を図21（次ページ）に示した。「足切りナメコ市販1」および「足切りナメコ市販2」は、他と比較して旨味値が小さくなった。これは、足切りナメコが水洗いを施

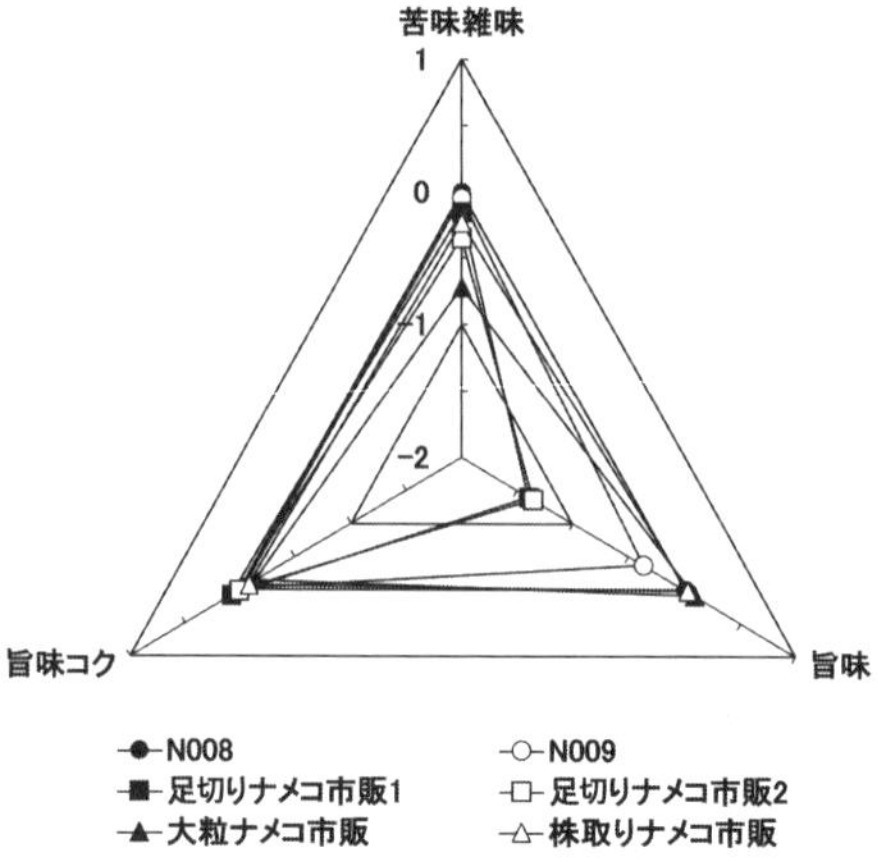

図 21　市販ナメコ子実体の味分析の結果（N008 を 0 とした値に換算）
対照：市販品種 N008 および N009 の水洗いなしの菌床栽培子実体
——今では水洗いしない商品形態も増えた。市販商品を用いて味分析した結果、「足切りナメコ市販 1」および「足切りナメコ市販 2」は、他と比較して旨味値が小さくなった。これは、足切りナメコが水洗いを施していることに関連すると推察した。

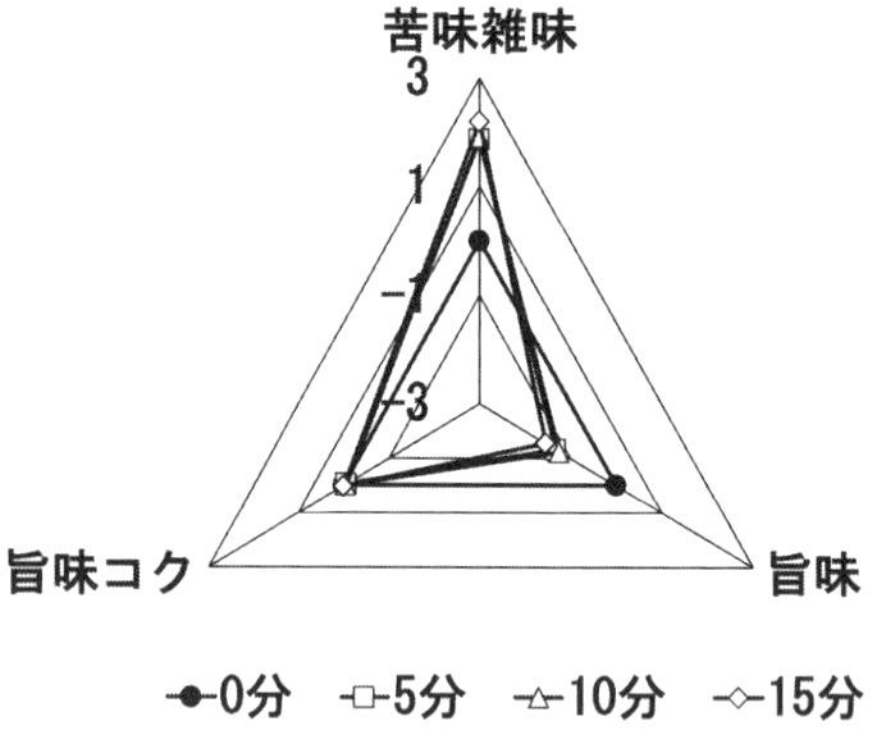

図 22　水洗い処理時間と味分析結果（0 分を 0 とした値に換算）
野生株：むつ市ナメコ A-6-3
——水洗い処理時間が味分析結果に与える影響を改めて調べた。水洗いしない対照区の値を 0 とした換算値で、時間の経過とともに、苦味雑味値が大きくなり、旨味値が減少する傾向がみられた。

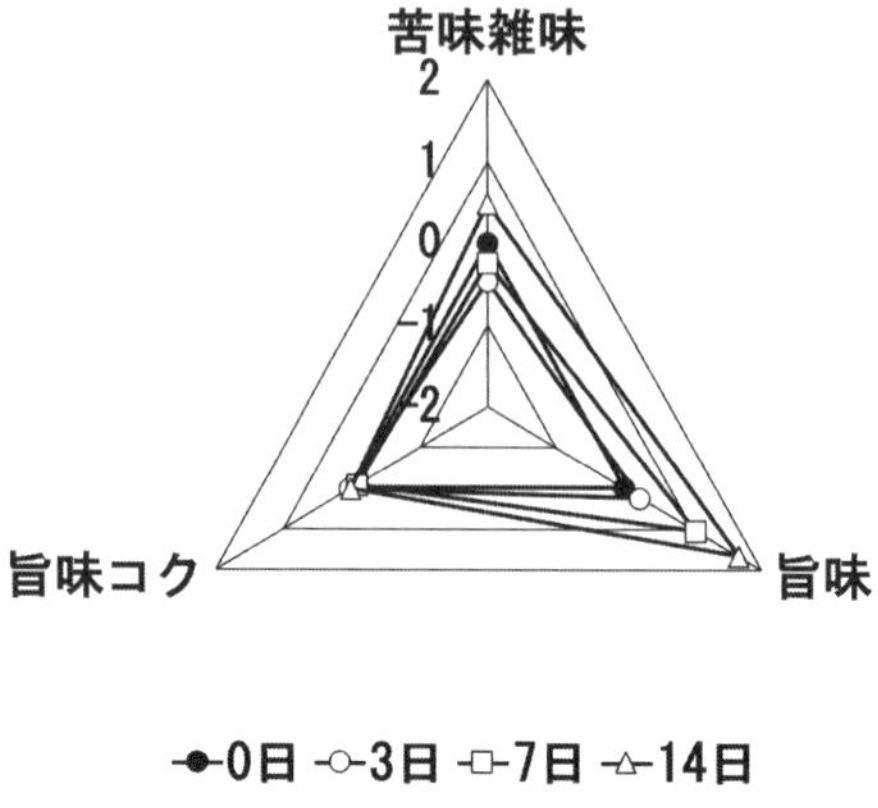

図 23　冷蔵日数と味分析結果（0 日を 0 とした値に換算）
野生株：むつ市ナメコ A-6-3
——一部のきのこでは保存方法によって有用な栄養成分が増加することが知られている。そこで、ナメコについて冷蔵日数による味分析値の変化を探ってみた。3℃で冷蔵することによって、旨味値が 3 日目に 23％、7 日目に 104％、14 日目に 166％と次第に増加した。

していることに関連すると推察した。

この分析結果から、水洗い処理が旨味値を小さくしている可能性に気がついた。そこで、水洗い処理時間が味分析結果に与える影響を改めて調べた。その結果を図22に示した。水洗いしない対照区の値をゼロとした換算値で、時間の経過とともに、苦味雑味値が大きくなり、旨味値が減少する傾向がみられた。一五分の水洗い処理で苦味雑味値は七三パーセント増加し、旨味値は五二パーセント減少した。以上の結果から、ナメコの過度な水洗い処理は、苦味雑味値を増加させ旨味値を小さくすることが示唆された。

足切りナメコは、原木栽培以来、習慣的に水洗いして出荷されている。水洗いは、ナメコの特徴であるぬめりを出すなどの効果があり。その一方、洗いすぎると旨味が減少するので、短時間で済ませることが大切とわかった。なお、購入後に家庭では、通常、調理前にさらに洗う必要はないと考える。

コロナ禍を経て、外食や買い出しの回数が減少し、食材などを買いだめして保存する傾向が強まっている。一部のきのこでは保存方法によって有用な栄養成分が増加することが知られている。そこで、ナメコについて冷蔵日数による味分析値の変化を探ってみた。その結果を図23に示した。三度で冷蔵することによって、対照区（〇日間）の値をゼロとした換算値で比較すると、旨味値が三日目に二三パーセント、七日目に一〇四パーセント、一四日目に一六六パーセントと次第に増加した。以上の結果から、ナメコの冷蔵が旨味値を増加させておいしさを引き出すのに有効であることが示唆された。

通常、家庭用冷蔵庫の冷蔵温度は、五〜七度と言われているが、冷蔵庫の性能は年々向上し、〇〜三度の高性能冷蔵庫も増えている。これらの機能を活かして冷蔵保存することで、旨味が向上する可能性が示された。

苦労しておいしい品種や栽培法を開発しても、食卓へ届くまでの流通・保存段階で味を低下させてしまっては意味がない。この間にさらにおいしさを増す方法があれば……と思い検討を開始したので、一部の結果を紹介した。今後はさらに冷凍と味の関係などについても調べる計画である。

第4章

里山を宝の山にする

ハナイグチ

写真 35　「わりばし種菌」（左）「つまようじ種菌」（右）
従来のきのこの原木栽培では、移動式の発電機が必要になる。きのこ栽培や収穫の楽しさを誰もが林内で手軽に体験するためには、きのこの接種をもっと簡易にしなければならない。そこで、「わりばし」や「つまようじ」に菌を培養した種菌による簡易接種法を考案した。

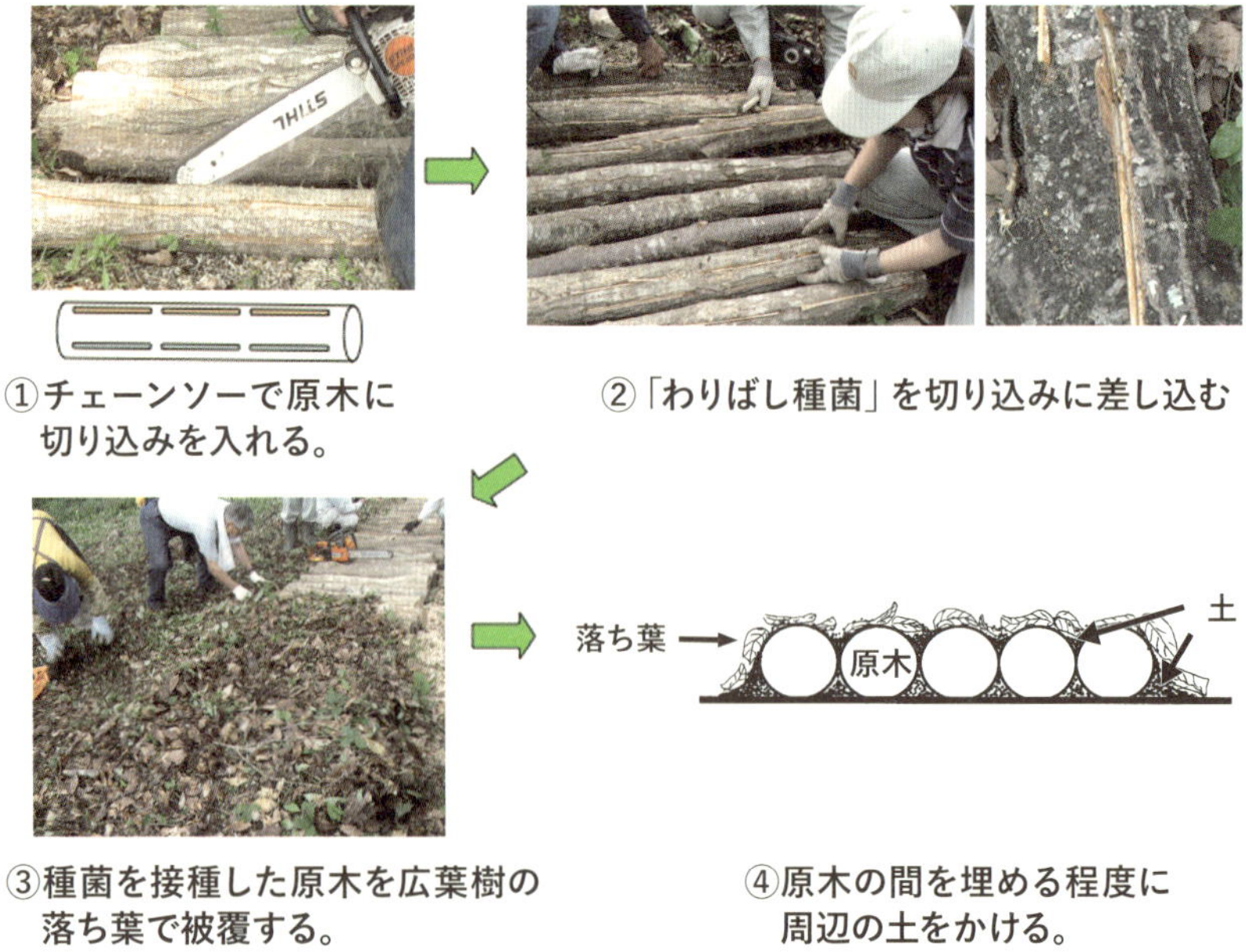
①チェーンソーで原木に
切り込みを入れる。
②「わりばし種菌」を切り込みに差し込む
落ち葉
原木
土
③種菌を接種した原木を広葉樹の
落ち葉で被覆する。
④原木の間を埋める程度に
周辺の土をかける。

図 24　「わりばし種菌」の接種手順
きのこ栽培には、針葉樹材より抗菌性物質が少ない広葉樹材が適している。

写真 36　簡易接種法によるクリタケの発生

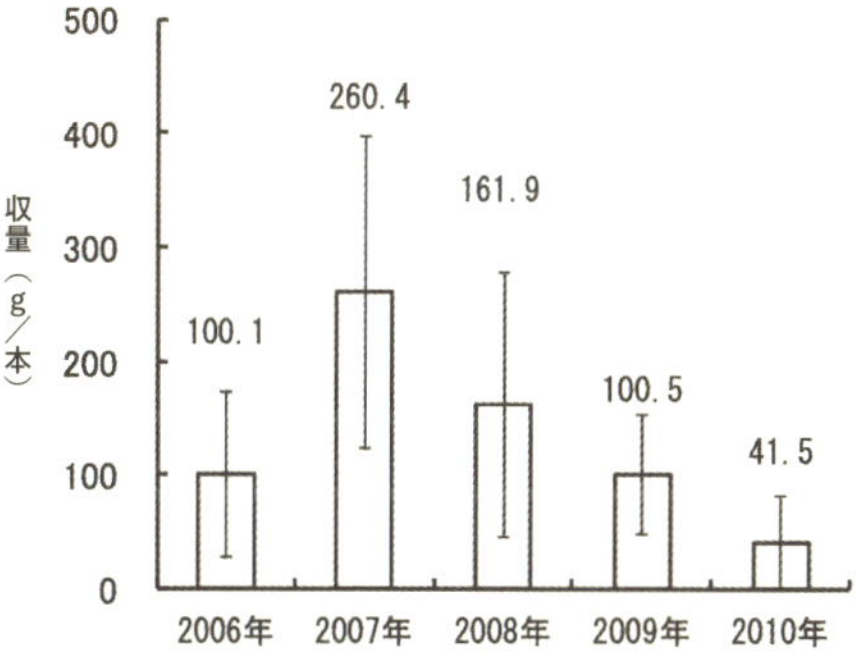

図 25　クリタケわりばし種菌接種による収量（原木 1 本あたり）
菌株：臼田 A-6（27）、原木：直径 10cm長さ 100cm、数値：原木 13 本の平均値、エラーバー：平均値±標準偏差。
――簡易接種法によるクリタケ原木栽培試験の結果、春に接種し翌年秋から発生が始まり、収量のピークは発生 2 年目で、3 年目以降は次第に減少するが、5 年間の累積収量は原木 1 本あたり 664g となった。

写真 37　種菌の接種ときのこの発生状況
里山でナラ類・クヌギなどの広葉樹を伐採した後に残った切り株に菌を接種して、きのこを栽培することも可能である。わりばし種菌を用いた簡易接種法によりクリタケ、ナメコの伐根栽培試験を行った結果、きのこの発生開始から、クリタケでは 6 年間に発生切り株 1 つあたり 5.4kg、ナメコでは 4 年間に発生切り株 1 つあたり 2.4kg の収穫が得られた。

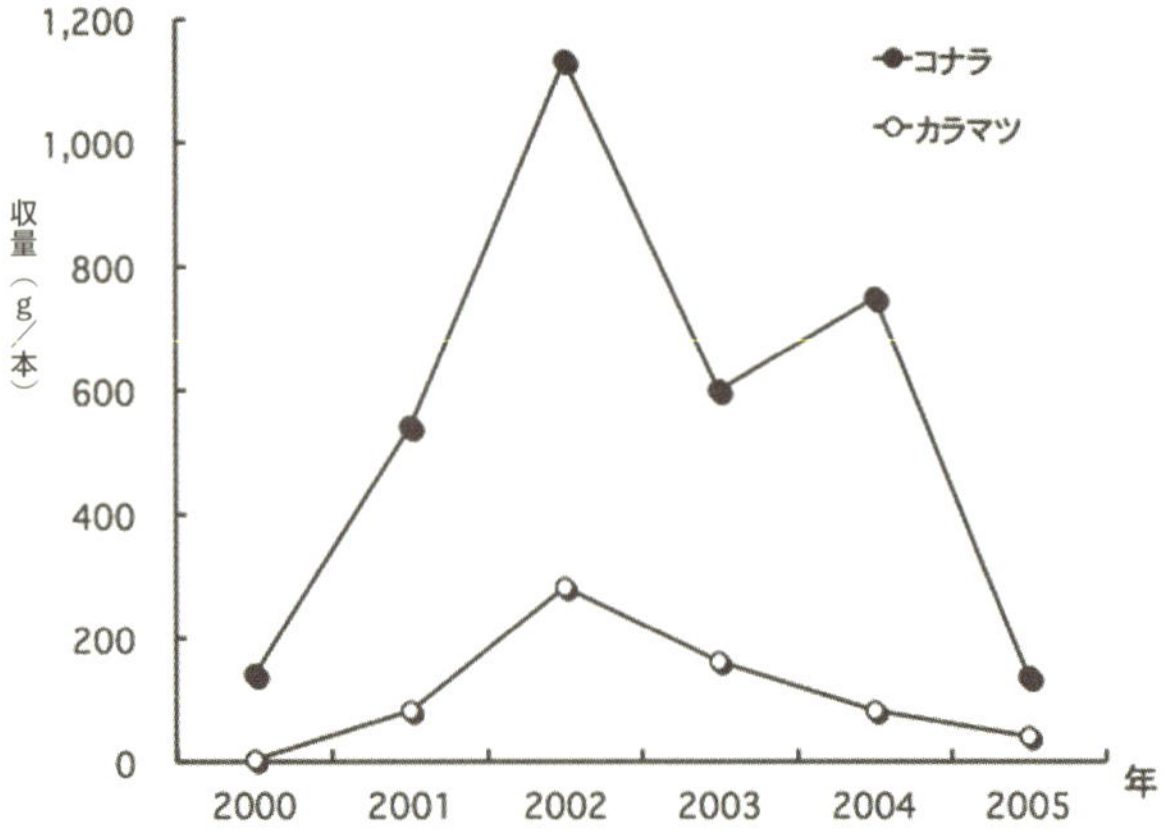

図 26　カラマツ原木を利用したクリタケ野生株の栽培試験結果
菌株：野生株 10 系統、収穫調査：6 年間。
——比較的原木の樹種を選ばないきのこと言われているクリタケを用いて行った試験結果では、コナラ原木に対してカラマツ原木の収量は 20% 程度であった。きのこが発生するとはいえ、この程度の収量では経費が収入を上回り、採算を得ることは容易ではない。

写真 38　カラマツ原木から発生したクリタケ
一方で、切り捨てられる原木から得られるきのこを「プラスアルファ」と考えれば、新たな可能性を開くことができる。カラマツの「間伐手遅れ林」において、あらかじめ菌を培養した短木の原木（殺菌原木法）や培養菌床を接種源としてカラマツ原木の間に埋める方法を試したところ、接種翌々年の秋からクリタケ子実体が発生した。

写真 39　ハナイグチ
菌根性きのことしてマツタケを思い浮かべる人も多いと思うが、ハナイグチなどもっと庶民的な菌根性きのこもある。

写真 40　ホンシメジ
おいしい菌根性きのことして知られるホンシメジは、里山のコナラ林やアカマツ林で発生する。ホンシメジ菌の培養は、同じ菌根性きのこでもマツタケに比べると容易で、菌根性きのこでありながらビン栽培にも成功している。

マイタケ

写真 41　野生マイタケ（山形県）
マイタケは、日本各地の山岳地帯、アジア、ヨーロッパ、北アメリカの温帯以北に広く見られ、国内では北は北海道から南は九州まで広く分布している。初秋の頃、ミズナラ、クリ、シイ、ブナなどの広葉樹の大木の根際に群生する。

写真 42　林内で発生した殺菌原木栽培法によるマイタケ
マイタケでは、シイタケやナメコのように直接原木に種菌を接種しても心材部、辺材部ともに菌糸体が蔓延しない。しかしながら、原木を短く切り、殺菌をして用いる方法では菌糸体が蔓延して子実体の発生までが確実に行える。

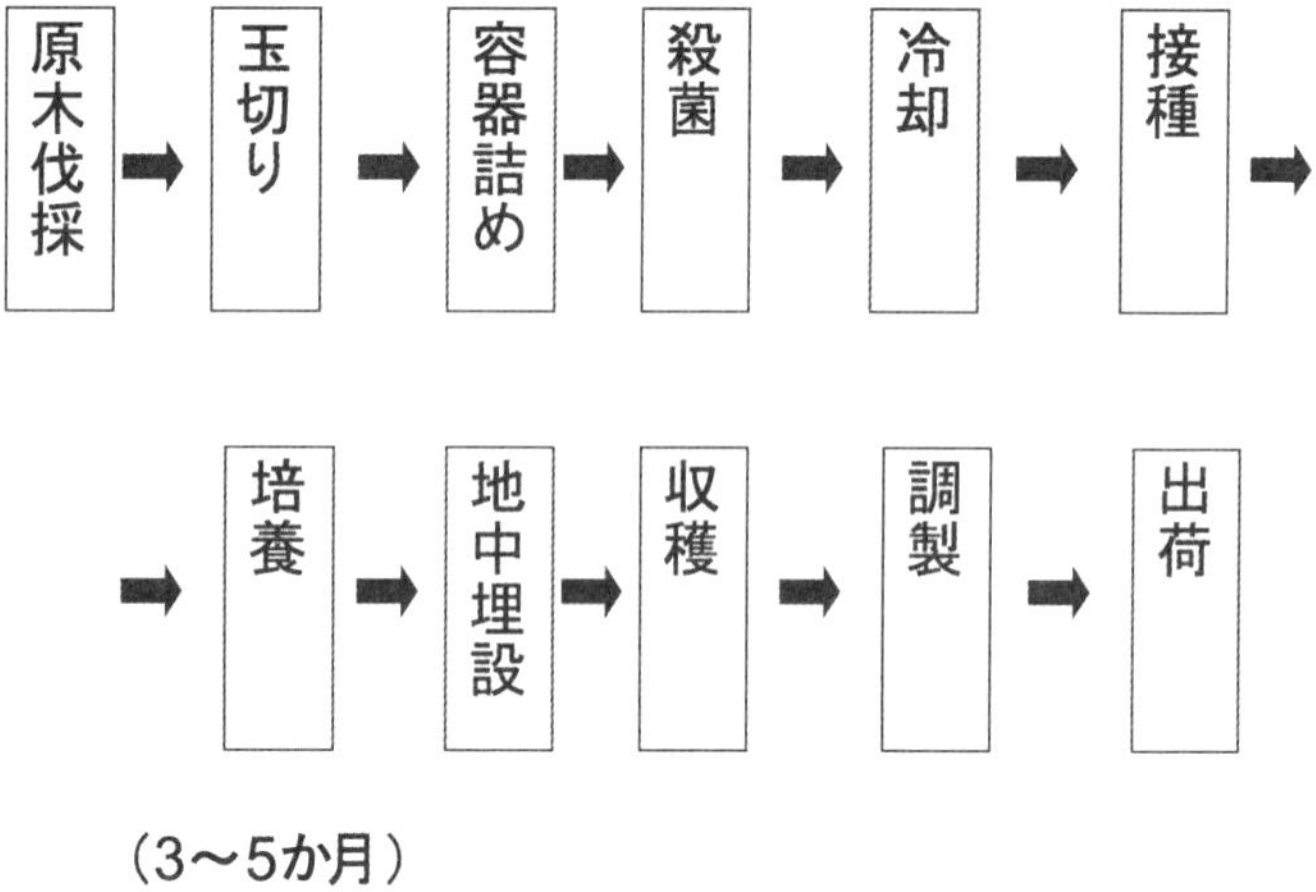

図 27　マイタケ殺菌原木栽培の工程

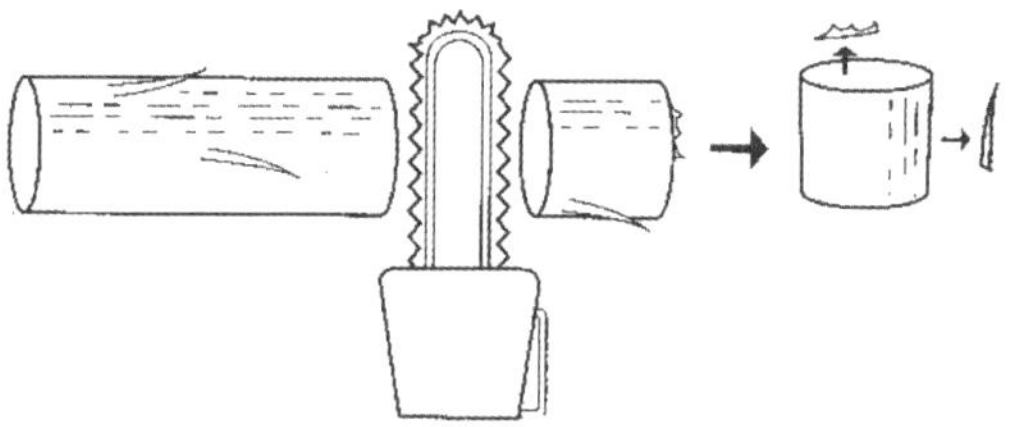

図 28　原木の玉切り
栽培にはコナラ、ミズナラ、ブナ、クリ、シイ、カシなどの広葉樹が適している。原木の大きさは直径 9 〜 15cm 程度が最も使いやすいが、これより細いものは麻ひもで数本ずつ結束したり、太いものは半割りなどにしても利用できる。長さは用いる袋の大きさに合わせる必要があるが、15cm 程度が適当。

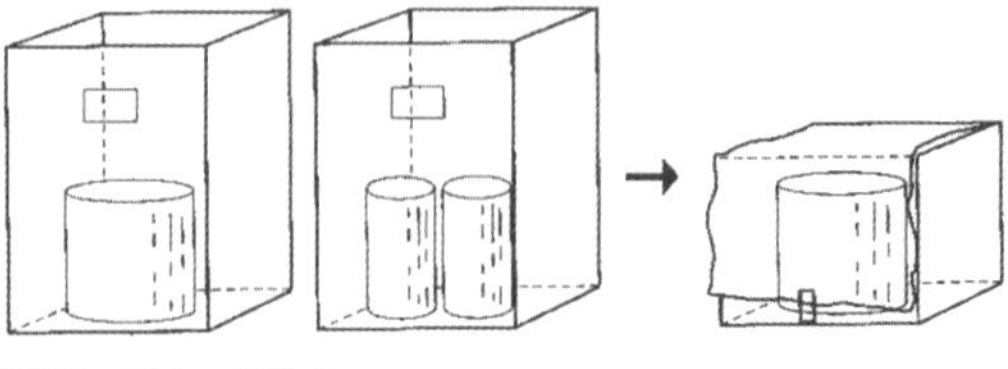

図 29　原木の袋詰め
玉切りした原木は袋の大きさに合わせて横または縦に収容するが、ささくれで袋に傷がつかないように注意する。原木のみでは種菌が乾燥して活着、菌糸体の伸長がよくない場合があるので、おが粉培地で原木の表面を天ぷらのころものようにまぶす場合もある。

写真 43　簡易施設での培養状況（松本市入山辺）
容器は、通常ポリプロピレン製の袋（いわゆる PP 袋）が用いられているが、1.2kg 用では原木 1 本、2.5kg 用では複数本を収容している。一定の通気を図るため、そのまま袋の口を閉じず、フィルターを装着した栓を用いる。培養が進むと原木の周囲が白い菌糸膜で覆われる。

写真 44　培養状況（遊休トンネルの利用、坂城町）
原木の周囲の菌糸膜が黄褐色に変わったら、その頃が培養終了の目安となる。

写真 45 原木の埋設（林内）
発生場所は、排水や通風のよい林内や人工ほだ場を用いる。発生処理は、原木を袋から抜き出して単体または数体を固めて地中に埋設する。木口が上下になるように縦に並べる例が多いが、横に並べても特に支障はない。被せる土の厚さは 5cm 程度が一般的であるが、埋設場所の水はけや乾燥程度により調節する。

写真 46　原木の埋設（人工ほだ場）

写真 47　パイプハウスを用いた埋設
厳冬および盛夏に埋設するのは適切でないが、特に定説はない。しかし、埋設当年に収穫を得たければ梅雨入り直前が適当である。伏せ込む場所が林木などで庇陰されていない場合は、ただちに寒冷紗などでトンネル状に覆う。

写真 48　マイタケの発生
子実体の収穫時期は、毎年の気象条件や標高などによって変化するが、長野県林業総合センターにおける試験例では、標高 850m のアカマツ広葉樹混交林内で 9 月中旬～ 10 月中旬に 1 回発生し、期間は 10 ～ 20 日間程度に集中している。

ヤマブシタケ・その他のきのこ

写真 49　普通原木栽培で発生したヤマブシタケ
ヤマブシタケについて、長さ 1m、直径 10cm 程度のコナラ原木にドリルで穴を開けて種菌を接種する普通原木栽培を行ってみたところ、小型なきのこしか得られなかった。殺菌原木栽培では、普通原木栽培や一般的な菌床栽培とは異なった形態や特色ある子実体が発生するかもしれない。

原木伐採　→玉切り　→袋詰め　→殺菌　→冷却　→接種　→培養　→地中埋設　→収穫

図 30　ヤマブシタケ殺菌原木法の工程
ヤマブシタケについて野生株を殺菌原木法により 4 か月間培養した後、試験地林内に埋設して子実体の発生状況を観察した。

写真 50　殺菌原木栽培で発生したヤマブシタケ
検討結果では、すべての試験地において林地に埋設した直後から原基形成が始まり、9 月中旬～ 10 月末に 1 本の原木から 1 個 100g を超える大型の子実体発生を確認した。

写真 51　殺菌原木栽培で発生したクリタケ（ナラ類原木）
ヤマブシタケ以外でも、野生株を殺菌原木法により培養した後、試験地林内に埋設して子実体の発生状況を観察した。クリタケは 11 月中旬～ 12 月上旬の晩秋に子実体発生が確認された。ヤマブシタケ、ムキタケに比較すると発生原木の頻度が低く収量も減少するが、埋設当年に発生可能なことがわかった。

写真 52　殺菌原木栽培で発生したヌメリスギタケモドキ（ナラ類原木）
ヌメリスギタケモドキやシロナメツムタケについても、埋設当年に子実体発生が可能なことが確認できた。

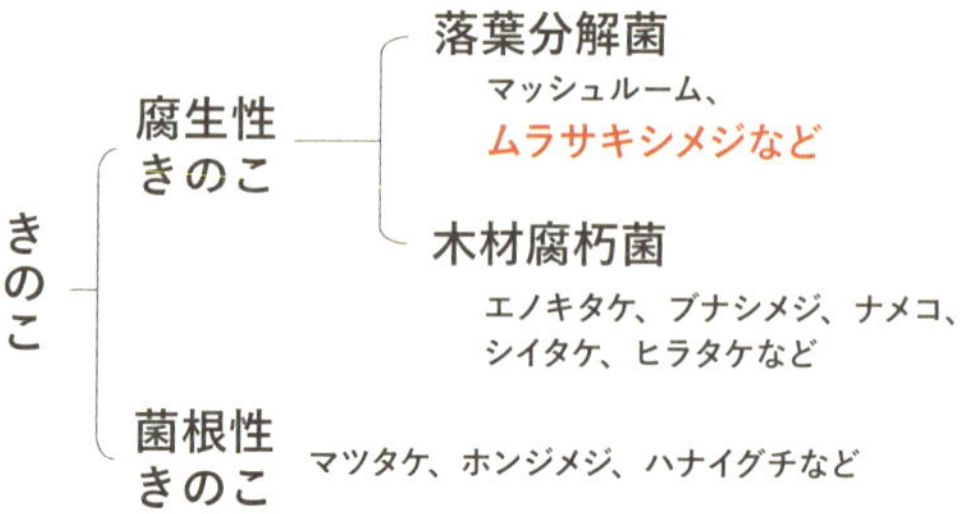

図 31 栄養摂取法によるきのこの分け方
きのこは、栄養のとり方によって腐生性きのこと菌根性きのこに分けられる。腐生性きのこの中にも、木の幹や枝を分解するシイタケやナメコなどの「木材腐朽菌」と、落ち葉を分解するマッシュルーム（ツクリタケ）やムラサキシメジなどの「落葉分解菌」がある。

写真 53　野生ムラサキシメジ
晩秋 10 ～ 11 月に雑木林の落ち葉の積もった地面から、しばしば輪を描くように並んで生えている。美しい紫色が印象的。

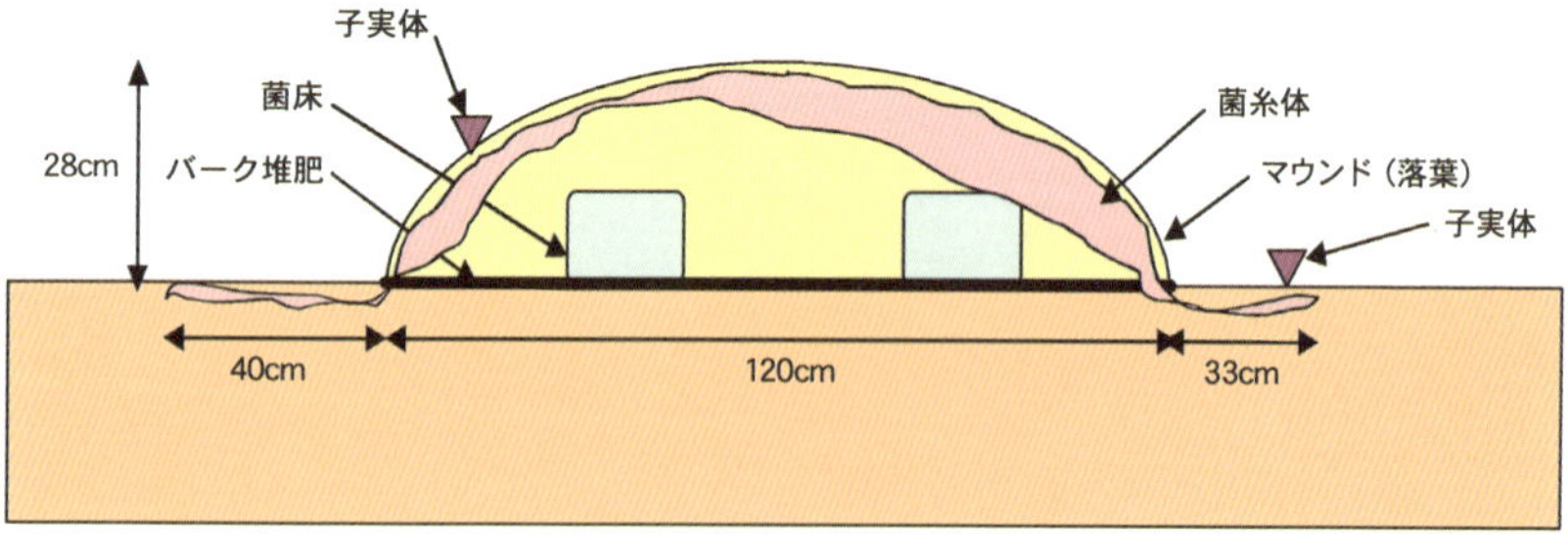

図 32　落ち葉マウンド法
出典：玉田克志〔2007〕「ムラサキシメジ人工栽培技術の開発」〔＊1〕図 1 ／提供：〔国研〕森林研究・整備機構　森林総合研究所
ムラサキシメジの落ち葉マウンド法とは、落葉分解菌である特性を利用し、広葉樹（雑木）林内において培養菌床を落ち葉のマウンド（山状に盛り上げた落ち葉）に埋め込んで菌糸を蔓延させ、人工的にシロ形成を促すことで、晩秋にきのこを発生させる方法である。

写真54　落ち葉マウンド法
出典：玉田克志〔2007〕「ムラサキシメジ人工栽培技術の開発」〔＊1〕写真1／提供：〔国研〕森林研究・整備機構　森林総合研究所

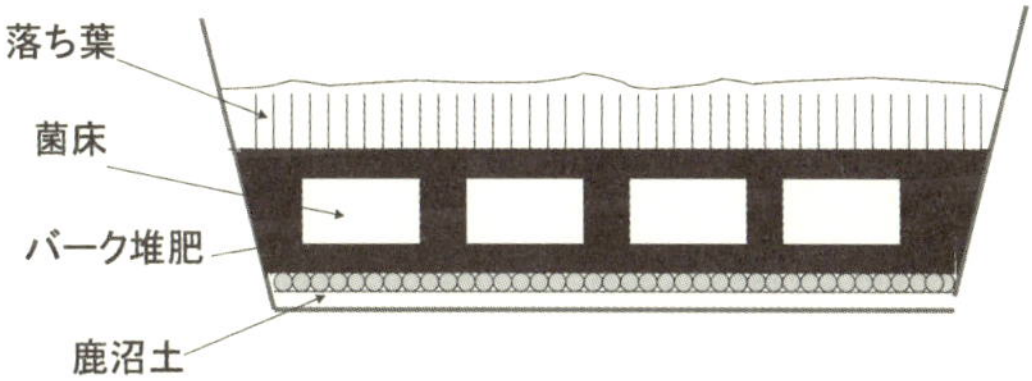

図33　プランターへの菌床の埋設方法（落ち葉マウンド改変法）
「落ち葉マウンド法」を参考に、長野県林業総合センターでも、培養菌床と鹿沼土・バーク堆肥・落ち葉をプランター内で混合した大型の複合培養物をいったん作製する方法を試した。これらに菌糸体が十分蔓延したところで、林内に落ち葉マウンドをつくる。

写真55　培地の作製（落ち葉マウンド改変法）
培地組成：ブナおが粉・広葉樹バーク堆肥・フスマ＝5：5：1（容積比）、1.2kg詰め袋の培養菌床。

写真 56　プランターへの菌床の埋設方法（落ち葉マウンド改変法）
左上から時計回りに、鹿沼土の敷設、バーク堆肥の敷設、培養菌床を設置、バーク堆肥で被覆、さらに広葉樹の落ち葉で被覆。

写真 57　プランター内の複合培養物に蔓延したムラサキシメジの菌糸体
プランターの底に鹿沼土を厚さ 2cm 程度に敷き、その上に広葉樹バーク堆肥を厚さ 2cm 程度に重ねて敷いた。さらに、袋から裸出させた培養菌床（1 プランターあたり 4 培地）を接触させて並べて、広葉樹バーク堆肥で埋設した後、広葉樹の落ち葉で厚さ 5cm 程度に被覆した。このプランターをパイプハウス内に置いて、供試した材料による複合培養物を作製した。

写真 58　二員培養（異なる品種を 1 つのプランターで培養）
供試したムラサキシメジの菌株の組合せにより、1 プランターに、「HS-1」菌床 4 培地の単独菌株培養区、「ムラ美和」菌床 4 培地の単独菌株培養区、「HS-1」菌床と「ムラ美和」菌床を交互に計 4 培地を並べた二員培養区の 3 種類の「鹿沼土・バーク堆肥・培養菌床・落ち葉の複合培養物」を作製した。

写真 59　林床の整備
落ち葉マウンドをつくるにあたり、地表面に鹿沼土、バーク堆肥を敷く。

写真 60　プランターから取り出したムラサキシメジの複合培養物
林床を整備したら、各培養区あたり、プランターから取り出した複合培養物 2 プランター分（培養菌床 8 培地分）を設置して、広葉樹の落ち葉でマウンド（山盛り）状に被覆する。

写真 61　林内に敷設した複合培養物を落ち葉で被覆（落ち葉マウンドの完成）

◀図 35　ムラサキシメジの落ち葉マウンド改変法による収量

写真 62　発生したムラサキシメジ（2008 年 10 月 17 日～ 12 月 15 日）
主に設置したマウンドの周縁部に円状に子実体が発生し、落ち葉マウンド改変法によりムラサキシメジを栽培することができた。また、二員培養区の収穫時期が単独菌株培養区に対して 3 ～ 5 日間早まるとともに早期に集中発生した。

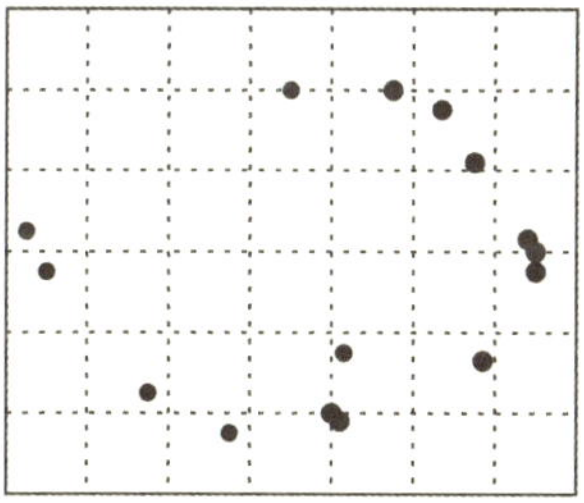

図 34　ムラサキシメジ（HS-1）の発生位置

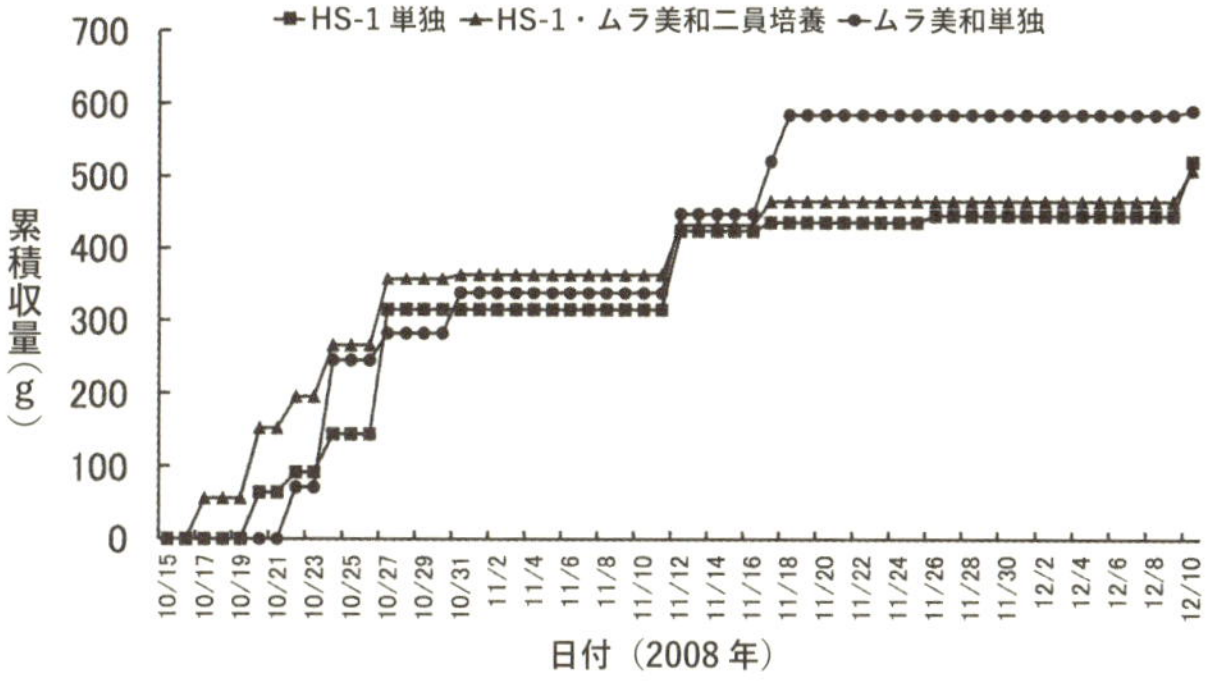

表 13　培養ハウスの仕様

大きな設備費を必要とする空調施設ではなく、遊休農地内などに安価なパイプハウスを作製して菌床の培養と発生を行う方法について検討した。

大きさ	シート資材	その他
横：6.3m	外：フリールーフホワイト	両サイドは、1.7m まで開閉可能
縦：7m	内：ダイオシート遮光率 90%	両妻面は左右開きの引き戸
高さ：3m		

写真 63　遊休農地に設置したパイプハウス（全景と内部の培養状況、中川村）

表 14　簡易施設における菌床栽培試験の概要（ハタケシメジ）

項目	条件
菌株	No.1809（農工研保有）
培地組成	バーク堆肥 730g・スギおが粉 730g・コメヌカ 125g・ビール粕 250g（2.5kg詰め 1 袋あたり）、含水率 65％
培養	空調施設による温度管理なし、JA 上伊那培養センター内 50 日間、簡易施設内（パイプハウス）114 日
発生	簡易施設内自然温度（2007 年 10 月 30 日～ 11 月 30 日）、散水、供試数 45 袋

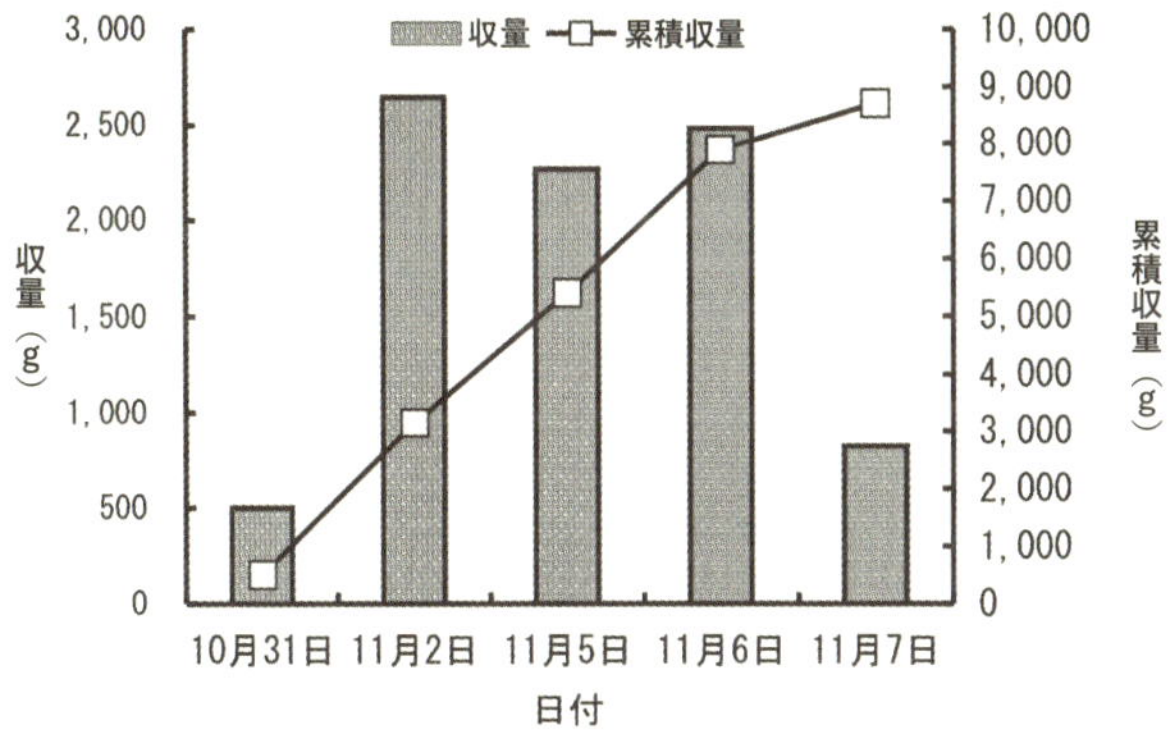

図 36　簡易施設（パイプハウス）におけるハタケシメジの発生（2007 年）
空調施設を用いない簡易施設の中で、2007 年 10 月 31 日から 11 月 7 日の 8 日間の短期間に集中して子実体が発生した。2.5kg 詰めの 45 袋分の培地から、累積収量で 8715 グラム（1 袋あたり 193.7g）の子実体が発生し、簡易施設においてハタケシメジを栽培できることが示された。

写真 64　簡易施設（パイプハウス）におけるハタケシメジの発生状況

写真 65　培養菌床の埋設によるハタケシメジの栽培
簡易施設内で培養した菌床を梅園の地面、アカマツ林の林床に埋設して、子実体を発生させる方法についても検討した。野生株 1 系統を用い、きのこ栽培用 PP 袋に 1 袋 2.5kg 詰めた。培養は温度 22°C、湿度 50% 以上で行い、培養後に、上伊那郡中川村の梅園林床と佐久市平のアカマツ林床に、菌床を埋設した。

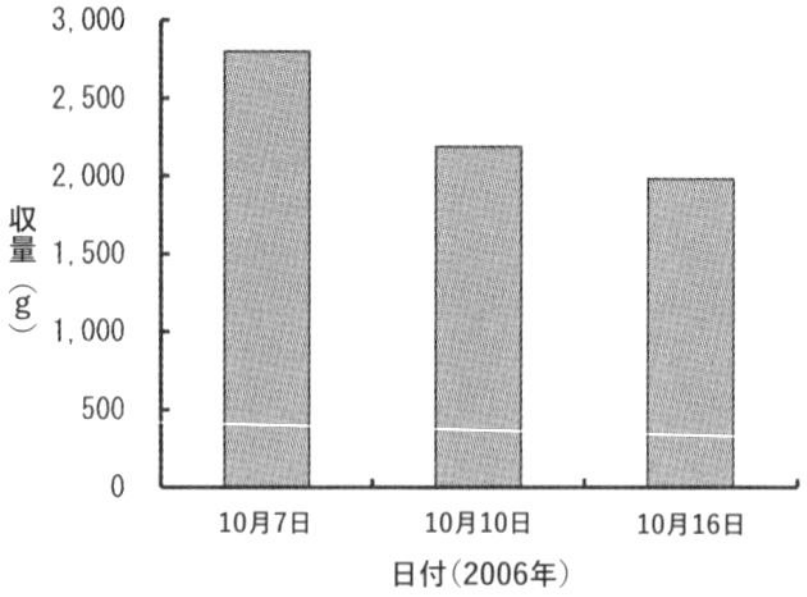

図 37　ハタケシメジ菌床埋設による収量（梅園内）
梅園では 100 個埋設した培地より 6,970g の収量が得られた。

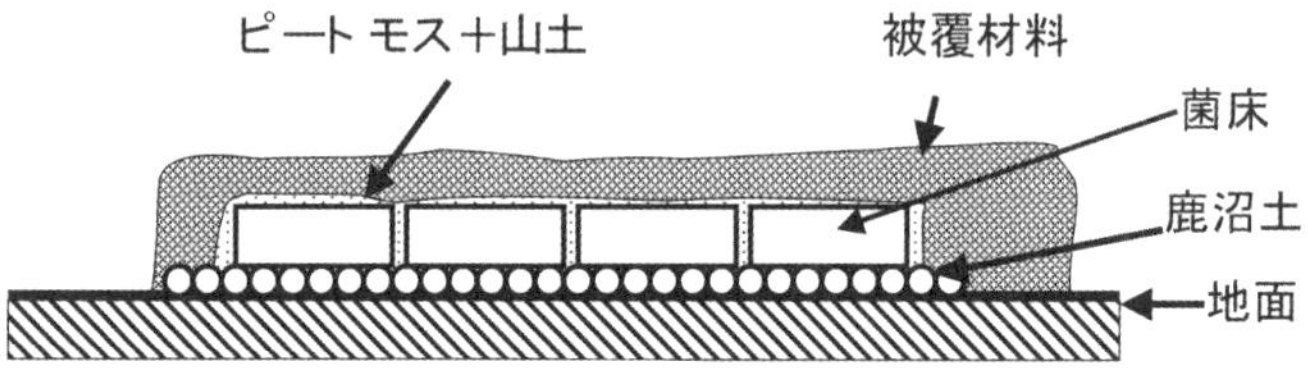

図 38　アカマツ林床におけるハタケシメジ培養菌床埋設方法
アカマツ林床では、培養 60 日後に計 100 個の菌床を 3 グループに分け、それぞれ最外層にドリルくず、根・草、落ち葉の被覆材料を用いて埋設した。手順としては、林床の落ち葉などを除去した地表面に、雨水の滞留を防ぐために鹿沼土を 2 ～ 3cm 敷き、その上に菌床を並べ、ピートモスと山土を容積比で 7：3 に配合した材料で菌床の隙間を埋めるとともに菌床を薄く被覆し、さらに最外層に被覆資材を施した。

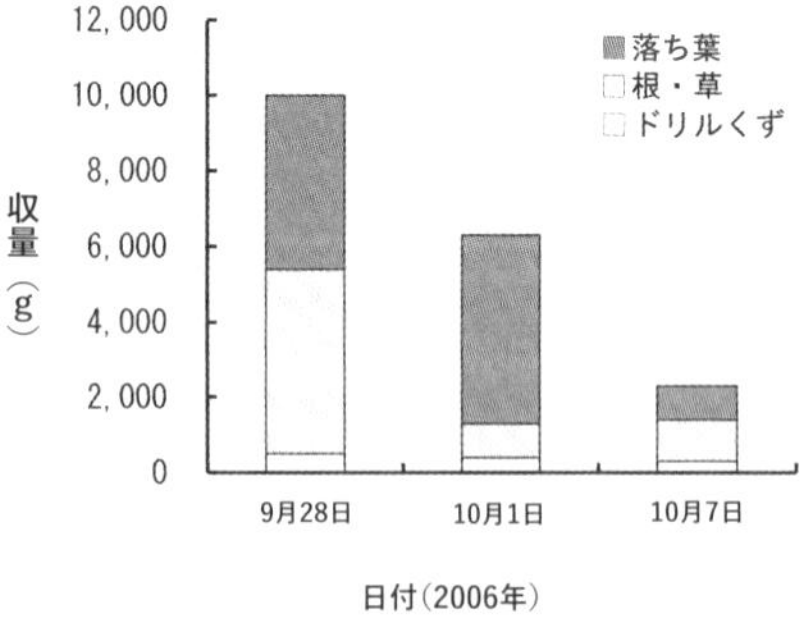

図 39　ハタケシメジ菌床埋設による収量（アカマツ林内）
結果、計 100 個埋設した培地より 1 万 8600g の収量が得られた。

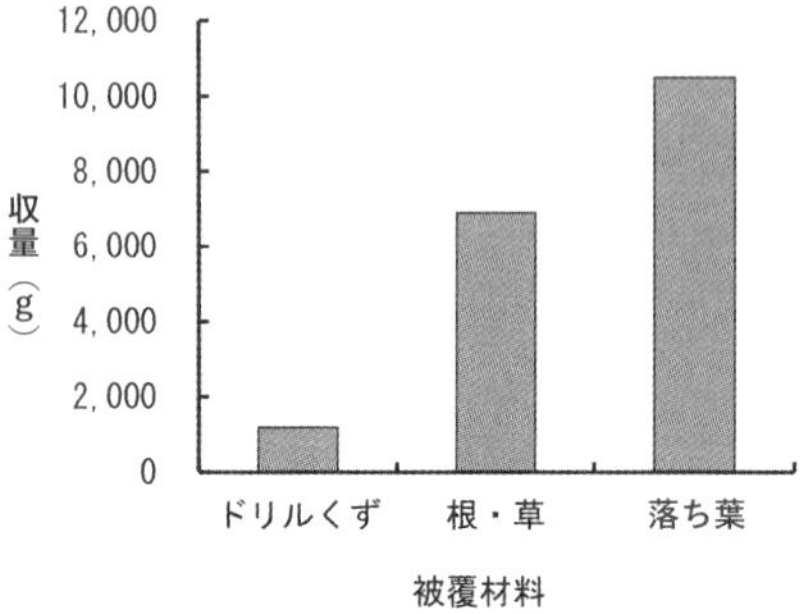

図 40　ハタケシメジ菌床埋設による被覆材料別の収量（アカマツ林内）
埋設資材別にみると、ドリルくず 1200g、根・草 6900g、落ち葉 1 万 500g であった。

表 15　簡易施設における菌床栽培の概要（クリタケ）
以前には野菜を栽培していた遊休農地内に、表 13 に示した仕様のパイプハウスを設置した（写真 63、ハタケシメジに使用した簡易施設と同様）。試験の概要は下記の通り。

項目	条件
菌株	No.1538（農工研保有）
培地組成	ブナおが粉・ホミニーフィード・大豆種皮（容積比 10：1：1）、含水率 65%、PP 袋 0.6kg詰め
培養	中川村簡易施設内（パイプハウス）2006 年 6 月 26 日～ 12 月 21 日
発生処理	培地を裸出して、プランター内で鹿沼土を用いて埋設
発生	飯島町簡易施設内（パイプハウス）、冬期 12 月～ 3 月凍結防止の暖房（5°C以下に低下を防止）、散水、2006 年 12 月 21 日～ 2007 年 4 月 30 日、供試数 15 プランター 60 袋

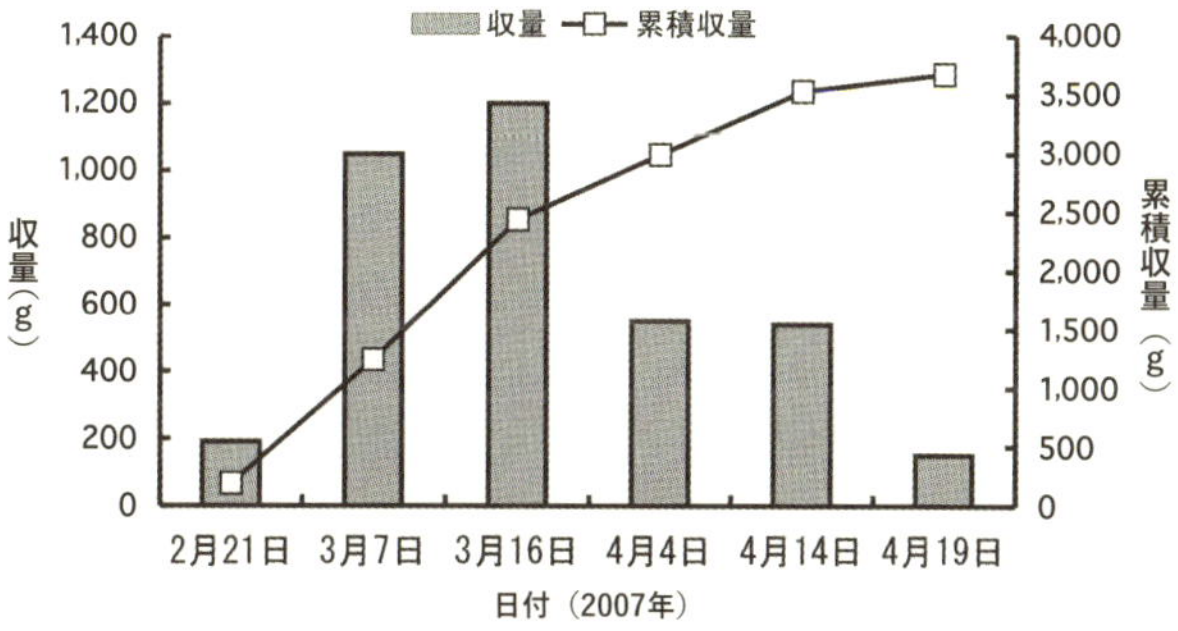

図 41　簡易施設（パイプハウス）におけるクリタケの発生（2007 年）
（図 41・写真 66）空調施設を用いない簡易施設の中で発生に供したところ、2 か月に分散して子実体が発生した。0.6kg 詰め 60 袋分の培地から、累積収量で 3680g の子実体が発生し、簡易施設においてクリタケが栽培できた。

写真 66　簡易施設（パイプハウス）におけるクリタケの発生状況

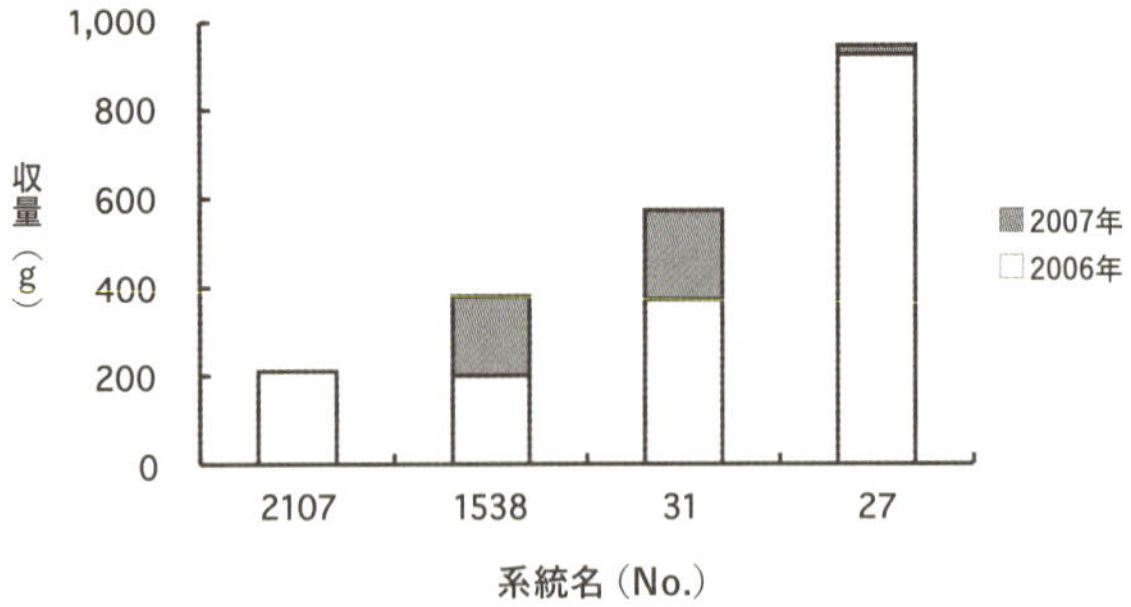

図 42　クリタケ培養菌床埋設による収量（佐久市平）

林内栽培では、クリタケ野生株 4 系統（農工研保有の№ 2107、1538、林総セ保有の№ 31、27）の菌株を用いた。埋設当年である 2006 年 10 月中旬から 12 月上旬にかけて子実体が 4 系統とも得られ、最も収量のよい№ 27 では 925g が収穫され、最も少ない№ 1538 は 200g であった。埋設当年には 4 系統合計で 1708g の収量が得られた。翌年の 2007 年にも 10 月下旬から 11 月中旬に、№ 2107 を除く 3 系統で子実体が発生した。2007 年の合計収量は 400g であった。2 年間の合計で 2108g の収量があり、1.2kg 詰め 1 培地あたり 66g の収量が得られた。

写真 67　クリタケ菌床埋設の林内発生（佐久市平、左：菌株 No.27、右：菌株 No.2107）

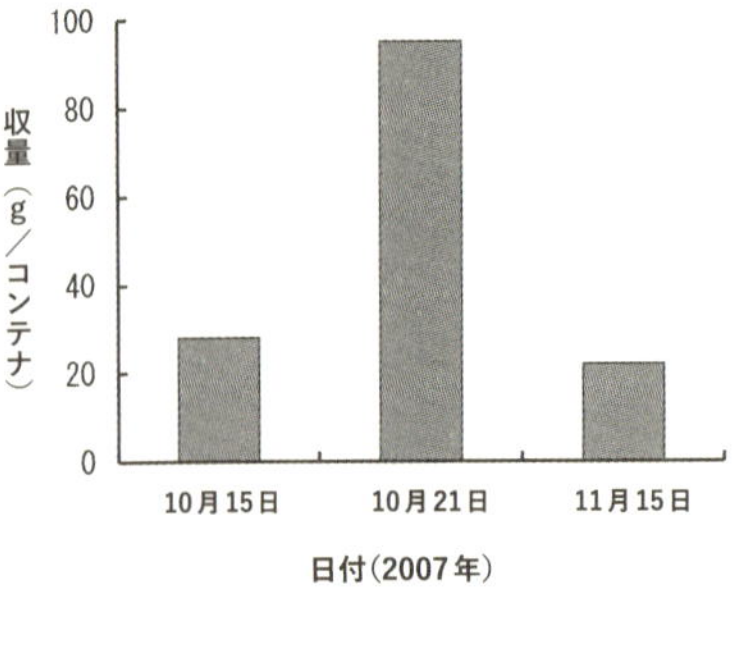

図 43　プランター埋設クリタケの林内発生（佐久市平、菌株 No.1538）

簡易施設内で培養したクリタケ菌床をコンテナに埋設し簡易施設内で子実体を発生・収穫した後、これらの培地をコンテナごと（計 6 コンテナ）、アカマツ林の林床に移動して、自然環境下で子実体を発生させた。結果として、6 コンテナの合計で 725g の収量が得られた。前年冬期に簡易施設内で子実体を発生させた後、林内に放置しても翌年引き続き収穫できた。

写真 68　プランター埋設クリタケ
生（佐久市平、菌株 No.1538）

写真 69　クリタケ原木栽培における「ハナレ現象」

クリタケ原木栽培では、種菌を接種した原木から直接子実体が発生するだけでなく原木から数センチメートル～ 1m 程度離れた土壌中からも子実体が発生している。このような現象は、生産現場では「ハナレ」と言われている。シロ丸で囲った部分（2 か所）が「ハナレ現象」により発生した子実体。

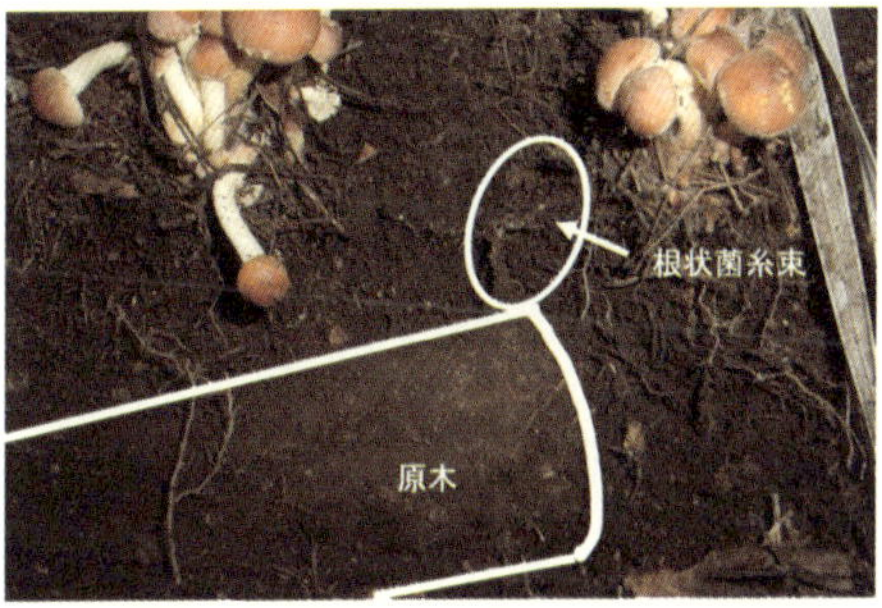

写真 70　原木栽培での根状菌糸束からの子実体発生

ハナレ現象の機構については明確な検討例がなかった。そこで、原木栽培においてハナレ現象の子実体の由来をていねいに調べたところ、子実体の柄が直接原木から発生せず「根状菌糸束」から発生していることを観察した。

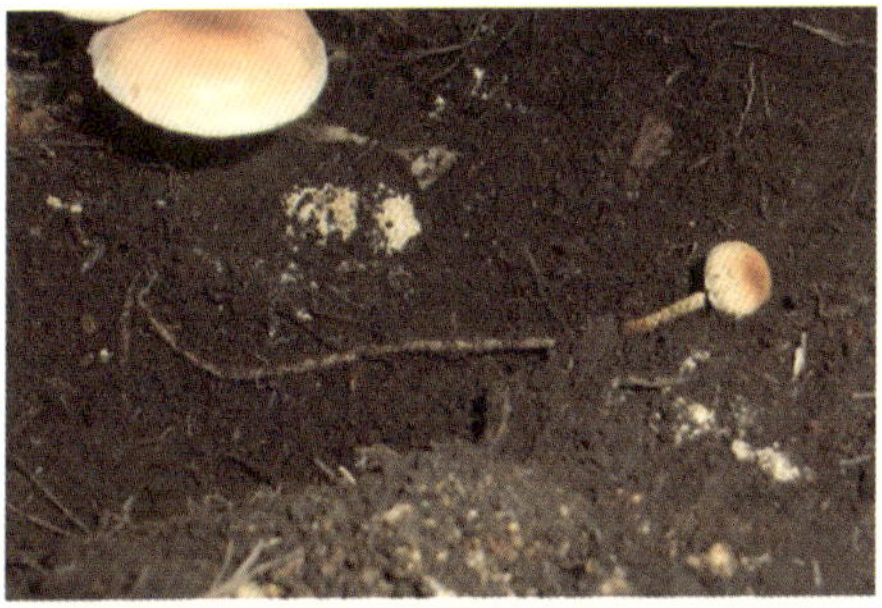

写真 71　殺菌原木栽培での根状菌糸束からの子実体発生

殺菌原木栽培や菌床栽培により再現試験を行ったところ、いずれの場合も根状菌糸束の形成およびそこからの子実体の発生を確認した。

原木栽培・・接種後発生の最盛期まで長時間
長期間の発生可能

＋

菌床栽培・・接種後発生の最盛期までが短い
短期間の発生で終わる

⇩ 短所の補完・培養菌床を接種源に

1～2年目菌床から発生＋3年目以降原木から発生

培養菌床を接種源とした林内への自然増殖の誘導

図 44　原木栽培と菌床栽培の融合による自然増殖誘導の概念
クリタケを栽培すると同時に、自然増殖を誘導する技術を開発するため、培養菌床と原木を接触させて埋設することによる自然増殖誘導試験を行った。

写真 72　培養菌床と原木を接触させた埋設
ブナおが粉・ホミニフィード・大豆種皮培地を調製し、培地 1.2kg をきのこ栽培用 PP 袋に詰め、高圧殺菌した。放冷後に同じ組成の培地で培養した種菌を接種して、20°Cの空調施設内で培養した。埋設まで室内の冷暗所で保管した後、アカマツ林床（長野県佐久市平試験地）において培地を裸出して原木に接触させて埋設した。林内土壌で埋設後、広葉樹の前年秋に落葉した落ち葉で被覆した。

写真 73　クリタケの発生状況
菌床からの発生（左）、原木からの発生（右）。埋設当年には菌床から直接発生する子実体が主体であったが、翌年秋には原木から発生する子実体がみられた。

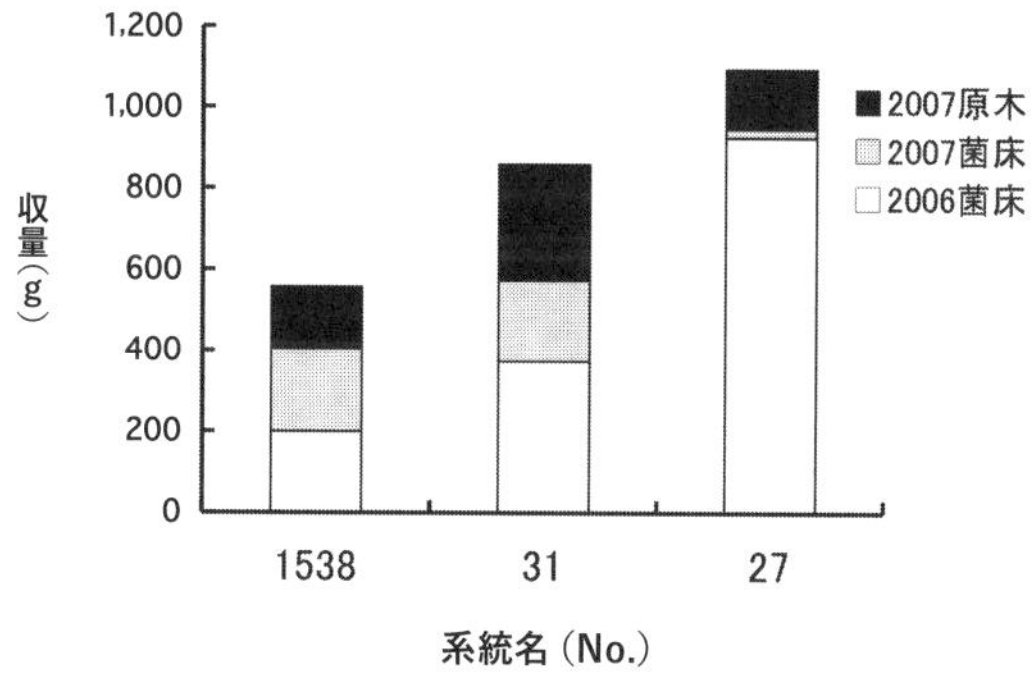

図 45　クリタケ培養菌床の利用による自然増殖法の検討結果
埋設の翌年には、原木からの収量が 57.8 パーセントを占めた。

表 16　クリタケ自然増殖法の検討――原木からの子実体発生状況（2007 年）

系統名（No.）	1538	31	27	全体
菌床収量（g）	180	200	20	400
原木収量（g）	117	280	150	547
原木発生率（%）	39.4	58.3	88.2	57.8

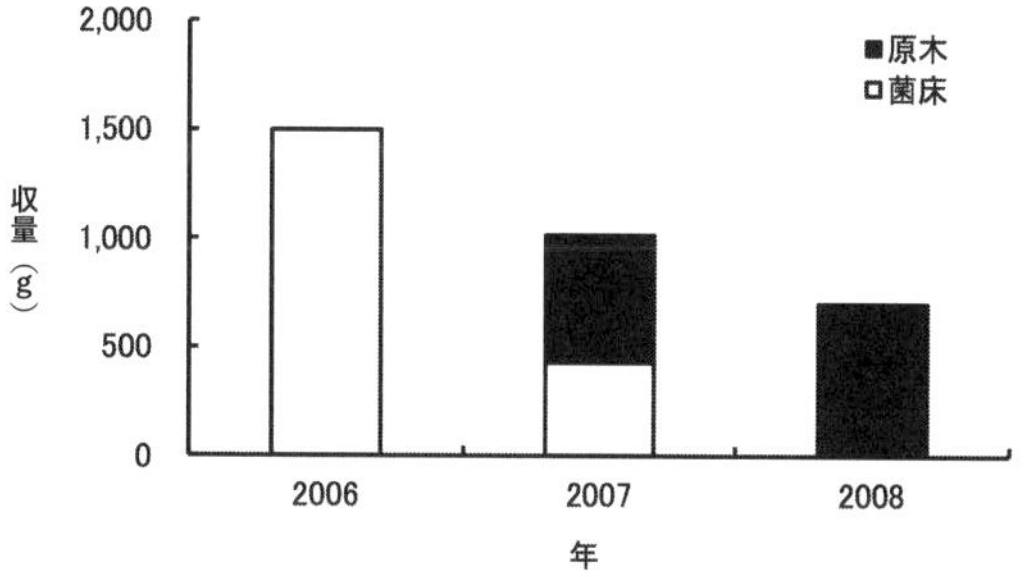

図 46　菌床栽培と原木栽培の融合による収量（3 系統計）
培養菌床を原木に接触させて林内に埋設することで、培養菌床から子実体を発生させ、さらに菌床に接触する原木からも子実体が発生できた。埋設後 2 年間のみの結果であるが、埋設年には菌床から子実体が発生し、2 年目には原木からの発生も始まって菌床と原木の両方から発生した。

山間地域において、家々や田畑の周りの雑木林やマツ林などは「里山」と言われ、人里を離れた奥地の国有林などをさす「奥山」と対比される。近年、その里山の手入れが行き届かず、災害や獣害の温床となっている。そこで、きのこを活用し、人々が楽しみながら「里山を宝の山」にする取組を紹介する。

1　きのこでつなぐ人と山

里山の荒廃

昭和三〇年代以前には、里山の除間伐材や落ち葉・落枝などが、燃料や農業資材として、日常的に利用されていた。しかし、高度経済成長によって便利なプロパンガスや化学肥料が普及するにつれ、里山の材料は使用されなくなり、人々が里山に入る機会は減少してしまった。

森林は「緑の社会資本」として、国土の保全や水源のかん養、林産物の供給など、人々の暮らしを支えてきた。森林の荒廃、特に身近な里山が荒れると、災害や獣害などを誘発し、私たちの生活基盤を危うくする。そのため、里山整備の促進に、国や地方自治体は補助金を出し、多くの施策を投入している。

しかし、決して楽観できる状況にはない。一度途切れてしまった人と山の繋がりを取り戻すことはそう容易ではないのである。

里山再生への一歩——山に入ることの「楽しさ」発見

では、人と山の繋がりを取り戻すには、どうしたらよいのだろうか。その一策として、山に入ることの「楽しさ」を発見することが大切と考えた。

都市化が進み、農林産物の生産現場を知らない人々が増加している。大都市のみならず、地方都市でも同様だ。人と山の繋がりを取り戻し、森林整備を進めるには、限られた従事者だけでなく、多くの人々の理解と協力、そして参加が欠かせない。

近年、都市生活者にも農作業や山作業に強い憧れをもつ人々が少なくない。しかし、特に山作業は重労働で、憧れだけでは続けられない一面もある。そこで、木材生産と比べ短期間で収穫・換金が可能なきのこ・山菜などの特用林産物が重要になってくる。

特用林産物の生産は、森林に親しみ収穫の楽しさを発見するのに適している。特にきのこは、「秋の味覚」として森へ誘《いざな》ってくれる。

きのこの活用

では、具体的にはどんな手法・技術を使えばよいのだろうか。そこで、きのこを活用した実証研究例を順次紹介したい。ここで紹介することの多くは、以下の研究プロジェクトによる成果であることを、まず示しておく。

・先端技術を活用した農林水産研究高度化事業「里山を活用したきのこの栽培及び増殖システムの開発」[*2]（二〇〇五～〇七年度、中核機関：長野県林業総合センター、共同機関：信州大学農学部・長野県農村工業研究所・JA上伊那・星の町うすだ山菜きのこ生産組合）
・農林水産業・食品産業科学技術研究推進事業「地域バイオマス利用によるきのこの増殖と森林空間の活性化技術の開発」[*3]（二〇一〇～一四年度、中核機関：長野県林業総合センター、共同機関：信州大学農学部・星の町うすだ山菜きのこ生産組合）

きのこは、栄養のとり方の違いにより、大まかに二つに分けられる。「腐生性きのこ」と「菌根性きのこ」である。

腐生性きのこは動植物の遺体を分解・吸収することで、菌根性きのこは植物から根を通じて養分を得ることで、それぞれ生きている。森林生態系において、腐生性きのこは枯れ木や落ち葉などの生物遺体を水と二酸化炭素に分解する役割を果たし、菌根性きのこは樹木から光合成産物をもらう代わりに土壌からさまざまな栄養を集め植物に渡すことで樹木の生長を助ける働きをしている。

そこで、里山を活用したきのこの栽培や増殖の方法についても、腐生性きのこと菌根性きのこに分けて説明していく。

2 「わりばし種菌」で腐生性きのこ生産

従来のきのこの原木栽培では、電動ドリルで原木に穴を開け、そこに種駒を接種する。したがって、移動式の発電機などがないと林内できのこの接種をすることは困難である。きのこ栽培や収穫の楽しさを誰もが林内で手軽に体験するためには、きのこの接種がもっと簡易になることが必要である。

そのため、「わりばし」や「つまようじ」に菌を培養した種菌（以下、「わりばし種菌」「つまようじ種菌」、写真35）による簡易接種法を考案した。さらに、考案した方法で除間伐材、切り株、カラマツ材などを用いてきのこが栽培できるかを栽培試験により実証した。

試験の結果を基に、きのこ簡易接種法の特許を取得するとともに、栽培マニュアルを作成した。

広葉樹原木の利用

里山のいわゆる雑木林には、ナラ類、クヌギ、その他の広葉樹がアカマツ・クロマツなどと混交していることが多い。一般的に、きのこ栽培には、針葉樹材より抗菌性物質が少ない広葉樹材が適している。

そこで、まず、雑木林の広葉樹原木を利用した簡易接種法について紹介する。

「わりばし種菌」による簡易接種法の手順を図24に、子実体の発生状況を写真36に示した。簡易接種法によるクリタケ原木栽培試験の結果、春に接種し翌年秋から発生が始まり、収量のピークは発生二年目で、三年目以降は次第に減少するが、五年間の累積収量は原木一本あたり六六四グラムとなった（図25）。

切り株の利用

里山でナラ類・クヌギなどの広葉樹を伐採すると、林地に切り株が残る。この伐根に菌を接種して、きのこを栽培することも可能である。再び萌芽してくる樹齢の若い切り株を栽培に用いることは困難だが、高齢化した大径広葉樹の切り株は、枯死して萌芽できない場合が多く、利用可能である。

萌芽してこない広葉樹の切り株を用いたきのこ栽培例を示す。長野県佐久穂町のアカマツ・コナラ混交林の「小面積皆伐」跡地内（標高九〇〇メートル、〇・八ヘクタール）に試験地を設定し、わりばし種菌を用いた「きのこの簡易接種法」によりクリタケ、ナメコの切り株栽培試験を行った。その結果、きのこの発生開始から、クリタケでは六年間に発生切り株一つあたり五・四キログラム、ナメコでは四年間に発生切り株一つあたり二・四キログラムの収穫が得られ、小面積皆伐跡地の切り株を利用したクリタケ、ナメコの栽培が可能であった（写真37）。

カラマツ間伐材を用いたきのこ栽培

筆者が暮らす長野県では、民有林の人工林面積の約五〇パーセントがカラマツで、里山の代表的な造林樹種となっている。そこで、「間伐材の有効利用のため、カラマツなどの針葉樹をきのこ栽培に使えないか」と以前から投げかけられている。

シイタケ、ナメコなどの原木栽培では、ナラ類やクヌギなどの広葉樹が主に使われている。これは、針葉樹にはきのこの菌による腐朽を阻害する抗菌性物質が広葉樹より多く含まれているためである。それでは、針葉樹原木からは全くきのこが発生しないのかというと、そんなことはなく、広葉樹原木に比べれば大きく収量は低下するが、きのこは発生してくる。

クリタケやヒラタケは、比較的原木の樹種を選ばないきのこと言われている。このうち、クリタケを用いて行った試験結果（図26）では、コナラ原木に対してカラマツ原木の収量は二〇パーセント程度であった。きのこが発生するとはいえ、この程度の収量では、森林から切り出した原木に種菌を接種して行う一般的な原木きのこ栽培の方法では、経費が収入を上回り、採算を得ることは容易ではない。

しかし、切り捨てられる原木からでもきのこが得られ、その分をプラスアルファと考えれば、意味が異なってくる。また、広葉樹を超えることはできなくとも、針葉樹でも広葉樹の五〇パーセント程度の収量が得られるきのこの品種が存在すれば、間伐材および森林空間の利用の活性化という観点から新たな可能性を開くことができる。そこで、信州大学農学部および星の町うすだ山菜きのこ生産組合と共同で研究に取り組んだ。

試験地をカラマツの「間伐手遅れ林」に設定し、林床のカラマツ原木に二つの方法でクリタケとナメコを接種した。いずれも仮伏せはせず、最初から本伏せとした。

一つ目は、「わりばし種菌」による簡易接種法である。この方法で接種翌年の秋からナメコ子実体が、接種翌々年の秋にはクリタケ子実体も、それぞれカラマツ原木から発生した。

二つ目は、あらかじめ菌を培養した短木の原木（殺菌原木法）や培養菌床を接種源として、カラマツ原木の間に埋める方法である。こちらも接種翌々年の秋からクリタケ子実体が発生した（写真38）。このことから、森林空間と林内有機物を有効活用し、カラマツなど針葉樹の切り捨て間伐木の腐朽促進を図り、きのこを生産できることがわかった。

また、クリタケについては、コナラ原木に対してカラマツ原木での収量が五〇パーセント以上の菌株を選抜することを目標に、カラマツ原木に適した菌株の選抜も試みた。まず野生株三二菌株を育種素材にして、交配株を作出し、作出した菌株の菌糸体伸長量と原木栽培試験の結果により、優良な菌を選抜した。カラマツおよびコナラ原木の両方から子実体の発生が認められた計一〇菌株（野生株二菌株を含む）について、コナラ原木に対するカラマツ原木での子実体発生比率を調べた。子実体発生比率は、おおむねの菌株では二〇～三〇パーセントの値であったが、コナラ原木と同等以上の収量のある菌株があり、この菌株も含め子実体発生比率五〇パーセント以上の菌株を選抜し、カラマツ原木栽培に適した特性を有するクリタケ菌株を見出した。また、この過程で大型クリタケを発生させる系統など、多様な特性をもつクリタケ菌株を選抜することができた。

なお、殺菌原木法については、後のページで改めて説明する。

3　マツタケだけじゃない菌根性きのこ

菌根性きのことして、まずマツタケを思い浮かべる人も多いと思う。マツ林に生え、中央卸売市場ではキログラムあたり三万〜一〇万円ほどで取引される超高級きのこである。しかし、あまりにも高値のため、マツタケ山は「留山《とめやま》」として厳しく人の出入りが管理されており、森に親しむという観点とは別次元の存在になっている。そこで本稿では、もっと庶民的な菌根性きのこを対象にして、多くの人々が気楽に楽しめる林地を活用した栽培や増殖法について紹介する。

イグチ類の増殖

カラマツ林には、長野県では「ジコボウ」、北海道では「ラクヨウ」などと呼ばれるハナイグチ（写真39）やその近縁種が発生する。これらは、カラマツと共生する菌根菌が発生させた子実体（きのこ）で、カラマツ林の多い長野県の東信地方および北海道の直販所などでは、比較的高値で取引されている。

研究の結果（増野ほか、二〇一六）、放置カラマツ林で雑木（広葉樹など）の皆伐、落葉層かき取り、腐植層剝ぎ取り、胞子液散布などの環境整備施業を行うと、ハナイグチの発生量が増加してくることが明らかになった。これはカラマツ林の経済的価値を高める一つの方策になる。

シメジ類の増殖

菌根性きのこホンシメジ（写真40）は、おいしいきのことして知られ、里山のコナラ林やアカマツ林で発生する。ホンシメジ菌の培養は、同じ菌根性きのこでもマツタケに比べると容易で、菌根性きのこでありながらビン栽培にも成功している。まだ小規模な研究だが、ホンシメジ菌を培養した菌床を林地に埋設することで子実体を発生させることにも成功した。大規模な実証が今後の課題としてあるが、環境整備施業と組み合わせた里山の活用には有望なきのこである。その他、ホンシメジと近縁のシャカシメジも同じような活用が期待される。

4　眠っている土地・施設を柔軟に使う

いわゆる「里山地域」では、里山の荒廃のみならず、生産効率のよくない谷間にある農地の遊休化も進んでいる。一方、きのこ生産においては、大規模化と単価安が進む中で、小規模な生産者には経営を中止するものも多い。菌床栽培は空調の整った施設で、原木栽培は林内で行うことが多いが、あまり固定的に考えず、生産を中止して遊休化したきのこの空調栽培施設、林内、遊休農地、さらにパイプハウスなどの簡易施設などを一休的に有効活用したきのこ栽培があってもよい。生産物を地域の直販所で販売すれば、地域を循環する経済の構築にも役立つ。そこで、里山の活用、遊休きのこ施設の活用、遊休農地の活用を一体化したきのこ生産の可能性を提案したい。

殺菌原木栽培

きのこの栽培方式には、現在、大きく分けて原木栽培と菌床栽培の二つがある。殺菌原木栽培は、この両手法を折衷したものだ。普通の原木栽培では、長さ一メートル、直径一〇センチメートル程度の原木に種駒を打ち込む。殺菌原木栽培では、長さ一五センチメートル程度に原木を玉切りして、菌床栽培用の袋に入れ、菌床栽培の培地のように常圧ないし高圧殺菌釜で殺菌した後に、種菌を接種する方法である。マイタケの栽培方法の一つとして定着している。殺菌原木栽培では、普通原木栽培や一般的な菌床栽培とは異なった形態や特色ある栽培特性をもったきのこの出現が期待できる。

農山村におけるきのこ生産、農林業を取り巻く状況には、現在、さまざまな課題がある。有利なきのこ販売のための多品目化、遊休きのこ施設の有効活用、整備の遅れている里山の活性化、荒廃農地の有効利用、地産地消の促進など、である。これらの解決策の一つとして、殺菌原木栽培をいろいろなきのこについて試してみることで、遊休施設や里山を有効に活用しながら、地域の特色のあるきのこ生産へ結びつけることを検討した。まずは、定番のマイタケについて紹介し、さらにいくつかのきのこでの結果を紹介する。

●マイタケの殺菌原木栽培

マイタケ（*Grifola frondosa*）は、タコウキン科マイタケ属のきのこである。日本各地の山岳地帯、アジア、ヨーロッパ、北アメリカの温帯以北に広く見られ、国内では北は北海道から南は九州まで広く分布している（写真41）。初秋の頃、ミズナラ、クリ、シイ、ブナなどの広葉樹の大木の根際に群生する。東北地方では特に好まれており、天然のマイタケを発見した時には嬉しくて舞い踊るところからその名がついたと言われている。

マイタケでは、シイタケやナメコのように直接原木に種菌を接種しても心材部、辺材部ともに菌糸体が蔓延しない。しかしながら、原木を短く切り、殺菌をして用いる方法では菌糸体が蔓延して子実体の発生までが確実に行える（写真42）。

この方法では、一般的には培養物を林床などに埋め込んで、秋の自然発生期に子実体（きのこ）を発生させる。大型で肉厚で、天然マイタケに近い味・香りがあり、菌床栽培とは違った特徴がある。

・栽培工程

栽培工程（図27）は、以下の通りである。

①原木

この栽培方法に適した樹種としては、コナラ、ミズナラ、ブナ、クリ、シイ、カシなどの広葉樹である。原木の大きさは直径九〜一五センチメートル程度が最も使いやすいが、これより細いものは麻ひもで数本ずつ結束したり、太いものは半割りなどにしても利用できる。長さは用いる袋の大きさに合わせる必要があるが、一五センチメートル程度が適当である（図28）。伐採時期は、原木栽培で通常に行われている秋〜春先でよいが、小さく玉切りしたものは過度に乾燥することがあるので、使用直前に玉切りした方がよい。過度に乾燥したものは二昼夜程度流水につけて水分を補充する。

②容器

容器は、通常ポリプロピレン製の袋（いわゆるＰＰ袋）が用いられているが、一・二キログラム用では原木一本、二・五キログラム用では複数本を収容している。一定の通気を図るため、そのまま袋の口を閉じず、フィルターを装着した栓を用いる（写真43）。または、筒口をつけて紙栓などをするが、長期間培養する必要があるため、通気性がよすぎても害菌汚染が進む。通気による菌糸伸長促進と害菌汚染被害対策の適度なバランスを図る。

③容器詰め

玉切りした原木は袋の大きさに合わせて横または縦に収容するが（図29）、ささくれで袋に傷がつかないように注意する。また、原木のみでは種菌が乾燥して活着、菌糸体の伸長がよくない場合がある。そこで、おが粉培地（広葉樹おが粉一〇：フスマ二〔容積比〕、含水率六五パーセント程度）を、原木の表面に、天ぷらのころものようにまぶす場合もある。原木全体にまぶすことが面倒ならば、原木の両木口面だけでも、おが粉培地をつけると、ここにまず菌糸が伸長して、少量の種菌でも良好に菌糸が蔓延していく。培養終了後に地中に埋設する際も、ここに付着している原木表面の培地と菌糸体はつけたままで差し支えない。

④殺菌、冷却

容器に詰めた後は速やかに殺菌にかける。殺菌は菌床栽培で用いられている通常の高圧または常圧殺菌でよい。ただし、原木の直径が大きくなるほど、殺菌不良になり、トリコデルマ菌による汚染を受ける可能性が高まる。このため、おが粉培地より有効殺菌時間を長くする必要が生じる。場合によっては、試し殺菌をして有効殺菌時間を確認しておく必要がある。また、原木のみをドラム缶などで煮沸し、その後に袋に詰めて接種する方法もある。簡便であるが、殺菌不良や袋詰め時の害菌汚染の危険性が大きくなる。殺菌後の冷却時には菌床栽培と同様に清潔な対応が求められる。

⑤種菌

マイタケの種菌はいくつかの種菌メーカーから販売されているので、特性や形状を検討して選択する。品種は菌床栽培用品種と殺菌原木栽培用品種とがある。多くは菌床栽培用品種であるが、これらも殺菌原木栽培でも支障なく使用することができる。なお、この栽培法では収穫が自然発生期の短期間に集中する傾向があり、収穫期間の幅を広げるため、品種の組合せの検討が必要であるが、現在のところ、有効な組合せは見出されていない。

⑥接種

この栽培法は一般的に自然温度条件下で行われるため、接種適期は厳冬期が多く、遅くても三月いっぱいまでには完了させたい。また、空調施設を用いて培養を行う場合にはこの時期にこだわる必要はないが、菌床栽培と同様に清潔な接種施設で行う必要がある。種菌ビンの取り扱いおよび接種方法は、菌床栽培と同様に行えばよい。接種量はおが粉培地を充填した種菌では、よくほぐした後に、大さじ二杯ほど培地表面や底に薄く接種する。原木のみを用いた場合には木口面を上にして袋詰めし、木口面と底に接種する。この場合の接種量は前記の二倍程度に多くする方がよい。

⑦培養

培養方法は、棚差しでは長期間を要することから自然条件下で簡易施設を用いる方法がコスト的に無難であるが、空調施設での培養ももちろん可能である。マイタケは完熟した原木を埋設しないと当年の発生が不良になる傾向がある。培養が進むと原木の周囲が白い菌糸膜で覆われ（写真43）、それがやがて黄褐色に変わる（写真44）。その頃が培養終了の目安となる。培養期間は二〇度の空調施設で培養する場合、三～五か月は必要である。簡易な施設において自然温度で培養した場合はさらに長めにする必要がある。状況が許せば、自然温度でも一年間じっくり培養した方が、埋設当年の収穫量は多くなる。

⑧発生

発生場所は、排水や風通しのよい林内（写真45）や人工ほだ場（写真46）を用いる。発生処理は、原木を袋から取り出して単体または数体を固めて地中に埋設する。木口が上下になるように縦に並べる例が多いが、横に並べても特に支障はない。被せる土の厚さは五センチメートル程度が一般的であるが、埋設場所の水はけや乾燥程度により調節する。発生期に土が裸出していると雨滴のために土が子実体に付着してしまうので、枯れた落ち葉をかけておく方がよい。落葉層の厚さは薄いと効果が小さいので五センチメートル以上は必要である。埋設時期については、厳冬および盛夏は適切でないが、特に定説はない。しかし、埋設当年に収穫を得たければ梅雨入り直前が適当である。伏せ込む場所が林木などで庇陰されていない場合は、ただちに寒冷紗などでトンネル状に覆う（写真47）。蒸れを防ぐために覆った寒冷紗の裾は地面から一〇センチメートル程度上げておく。子実体の収穫時期は、毎年の気象条件や標高などによって変化するが、長野県林業総合センターにおける試験例では、標高八五〇メートルのアカマツ広葉樹混交林内で九月中旬～一〇月中旬に一回発生し、期間は一〇～二〇日間程度に集中している（写真42・48）。

⑨収穫と出荷・販売

収穫は、原基ができ始めてから約二週間後の管孔の形成が始まる直前を目安に行う。管孔が形成されるとそれ以上きのこ（子実体）は成長しない。ナイフなどできのこを地際から切り取るようにする。地際より下の部分はきのこを汚す原因となるため切り捨てた方がよい。切り取ったきのこはその場で落ち葉や土をきれいに払い落とす。きのこを重ねたり、裏返したりすると汚れが広がってしまうので注意する。伏せ込む時に原木を五センチメートル程度離すと形のよいきのこが収穫できる。あるいは、原木を密着させて固まりを大きくすると、そこで生長する菌糸体の量が大きくなり、大型のきのこに生長しやすくなる。一株、数キログラムに及ぶ立派なきのこも収穫できることがある。原木を離して埋めるのか、固めて埋めるのかは、それぞれ自分の目標とするきのこによって使い分けてほしい。原木栽培で露地発生させたマイタケは色、香り、歯応えなどが天然のものに近いため、露地物として直販所などで高値で販売できる。

• 調理法・保存法

味、香りともにおだやかで、特有の歯切れのよさをもっている。天ぷら、鍋物、炊き込みご飯、和え物、炒め物など、淡白な料理、油を使った料理のいずれにも合う。保存方法には乾燥、塩蔵、冷凍がある。

マイタケご飯の調理法は以下の通りである。

材料（三人分）……マイタケ一〇〇グラム、米二カップ、昆布（長さ五センチメートル）一枚、うす口醤油、酒、塩

つくり方

①米はとぎ洗いしていったん水を切り、炊き釜に入れ、水を二カップ、昆布を入れて三〇分おく。
②マイタケは根元を掃除して小房に分け、酒大さじ一をふる。
③①にマイタケ、うす口醤油大さじ一、酒大さじ二、塩小さじ三分の二を入れて炊く。
④炊き上がったら昆布を取り出し、全体をさっくりと混ぜる。

●ヤマブシタケの殺菌原木栽培

ヤマブシタケについては第2章で、主に菌床栽培方法を述べた。ここでは、マイタケと同様、里山や遊休農地を活用した殺菌原木栽培法について紹介する。

ヤマブシタケについて、長さ一メートル、直径一〇センチメートル程度のコナラ原木にドリルで穴を開けて種菌を接種する、普通原木栽培を行ってみたところ、写真49に示したような小型なきのこしか得

られなかった。殺菌原木栽培では、マイタケのように、普通原木栽培や一般的な菌床栽培とは異なった形態や特色ある子実体が発生する可能性がある。そこで、ヤマブシタケの殺菌原木栽培を試みた。

試験地を佐久市臼田平（カラマツ・アカマツ混交林）、飯田市野底山（スギ林）、林業総合センター構内（アカマツ林）にそれぞれ設置した。ヤマブシタケについて野生株を殺菌原木法により四か月間培養した後、試験地林内に埋設して子実体の発生状況を観察した。殺菌原木法の概要は図30の通りである。

この検討結果では、すべての試験地において、林地に埋設した直後から原基形成が始まり、九月中旬～一〇月末に一本の原木から一個一〇〇グラムを超える大型の子実体発生を確認した。また、翌年の五月末～六月中旬にも発生があり、秋のみでなく春～初夏にも収穫できることがわかった。写真50に示したように、殺菌原木栽培により、普通原木栽培では得られなかった大型子実体が、接種当年に容易に得られた。

●その他のきのこの殺菌原木栽培

ヤマブシタケ以外にも同様にクリタケ、ヌメリスギタケモドキ、チャナメツムタケ、シロナメツムタケ、ムキタケについて野生株を殺菌原木法により培養した後、試験地林内に埋設して子実体の発生状況を観察した。

・ムキタケ
埋設当年に一〇月下旬～一一月上旬を中心に子実体発生が得られることがわかり、一本あたり一〇〇グラムを超える収量の得られる原木もあった。

・クリタケ
一一月中旬～一二月上旬の晩秋に子実体発生が確認された（写真51）。ヤマブシタケ、ムキタケと比較すると発生原木の頻度が低く収量も減少するが、埋設当年に発生可能なことがわかった。

・その他
ヌメリスギタケモドキ（写真52）、シロナメツムタケについても、埋設当年に子実体発生が可能なことが確認できた。しかし、チャナメツムタケについては、子実体の発生を確認できなかった。

落ち葉マウンド改変法（ムラサキシメジ）

先述したように、きのこは、栄養のとり方によって腐生性きのこと菌根性きのこに分けられる（図31）。腐生性きのこの中にも、木の幹や枝を分解するシイタケやナメコなどの「木材腐朽菌」と、落ち葉を分解するマッシュルーム（ツクリタケ）やムラサキシメジ（写真53）などの「落葉分解菌」がある。

この落葉分解菌も里山のきのこ資源として有効に活用したい。

宮城県林業試験場（現・宮城県林業技術総合センター）の玉田克志氏は、ムラサキシメジの栽培法として「落ち葉マウンド法」を開発した[*1]。ムラサキシメジの落ち葉マウンド法は、落葉分解菌である特性を利用し、広葉樹（雑木）林内において培養菌床を落ち葉のマウンド（山状に盛り上げた落ち葉）に埋め込んで菌糸を蔓延させ、人工的にシロ（菌糸体の塊）形成を促すことで、晩秋にきのこを発生させるものである（図32・写真54）。

宮城県林業試験場が開発した「落ち葉マウンド法」を参考にして、長野県林業総合センターでも、その一部を改変して試した。直接に培養菌床を林内の落ち葉マウンド内に埋め込む落ち葉マウンド法に対して、培養菌床と鹿沼土・バーク堆肥（樹皮を発酵させてつくった肥料）・落ち葉をプランター内で混合した大型の複合培養物をいったん作製する方法である。これらに菌糸体が十分蔓延したところで、林内に落ち葉マウンドをつくるようにした（以下、「落ち葉マウンド改変法」）。また、異なる二系統による二員培養区を設けて、菌糸間の相互作用による効果も検証した。

落ち葉マウンド法に対する改変法のメリットは、鹿沼土・バーク堆肥・落ち葉と菌床が一体となった大きな培養物となるため、複数年にわたる発生が可能なことである。また、パイプハウス内で培養期間の調整が可能になる。以下に、「落ち葉マウンド改変法」による試験例を紹介する。

●栽培試験の方法

・菌株

ムラサキシメジ「HS-1」（宮城県林業技術総合センターより分譲）、ムラサキシメジ「ムラ美和」（茨城県林業技術センターより分譲）の二系統。

・培地

ブナおが粉・広葉樹バーク堆肥・フスマ＝五：五：一（容積比）、含水率六三パーセントに調製し、PP袋に一・二キログラム詰めた後、高圧殺菌した。

・袋培養

培地に種菌を接種した後、空調施設内において温度二〇度で、二〇〇七年八月二四日から同年一二月二八日まで培養した。

・複合培養物の作製

プランターの底に鹿沼土を厚さ二センチメートル程度に敷き、その上に広葉樹バーク堆肥を厚さ二センチメートル程度に重ねて敷いた。さらに、袋から裸出させた培養菌床（一プランターあたり四培地）

を接触させて並べて、広葉樹バーク堆肥で埋設した後、広葉樹の落ち葉で厚さ五センチメートル程度に被覆した（図33、写真55、写真56）。このプランターをパイプハウス内で二〇〇七年一二月二八日から二〇〇八年六月一六日まで置いて、供試した材料による複合培養物を作製した（写真57）。この間、二〇日に一度程度、散水するとともに、パイプハウス内は厳冬期には五度以下に温度が降下しないよう暖房を施した。

●菌株の組合せ

供試したムラサキシメジの菌株の組合せにより、一プランターに、「ＨＳ－１」菌床四培地の単独菌株培養区、「ムラ美和」菌床四培地の単独菌株培養区、「ＨＳ－１」菌床と「ムラ美和」菌床を交互に計四培地並べた二員培養区（写真58）、の三種類の「鹿沼土・バーク堆肥・培養菌床・落ち葉の複合培養物」を作製した。

●落ち葉マウンドの作製

二〇〇八年六月一六日に塩尻市のアカマツ・コナラ混交林内（標高八七〇メートル）の地表面に鹿沼土、バーク堆肥を薄く敷き（写真59）、その上に、各培養区あたり、プランターから取り出した複合培養物二プランター分（培養菌床八培地分）を設置して、広葉樹の落ち葉でマウンド（山盛り）状に被覆した（写真60・61）。

・収穫調査

二〇〇八年一〇月から一二月にかけて、発生した子実体の位置、個数、収量を調査した。

●栽培試験の結果

子実体の発生状況を写真62、図34・35に示した。二〇〇八年一〇月一七日から一二月一〇日まで、主に設置したマウンドの周縁部に円状に子実体が発生し、落ち葉マウンド改変法によりムラサキシメジを栽培することができた。また、二員培養区の収穫時期が単独菌株培養区に対して三〜五日間早まるとともに早期に集中発生した。

●ムラサキシメジの収穫

一般的には一〇月下旬から一一月下旬にきのこが発生する。発生する場所は、多くはマウンド周縁部で、菌床を埋設したところから数十センチ離れたところである。マウンドを囲むように円状に発生するので、踏みつけに注意する必要がある。収穫の適期は、きのこの傘が七〜八分開きの状態だが、ムラサキシメジは虫が入りやすいので、小さいうち（五〜六分開き）に収穫した方が虫のないきのこが得られる。

●ムラサキシメジの調理法

きのこの中に虫が入っているような場合、適当な大きさに切り、水に浸して虫取りをしてから調理するのがよい。ムラサキシメジは非常によいだしが出るので、醤油味のお吸い物に入れて食べるのが一般的だが、ゴマ油で炒めたり、シチューなどに入れても彩りよくおいしい。これも筆者の体験談になるが、虫は傘より先に柄に入る傾向にあること、柄には独特の「土臭さ」があるが傘にはないこと、がわかった。このことからムラサキシメジは傘のみを食した方がよりおいしいと考える。

●安定栽培への課題

ここまで紹介した方法は、野外栽培法である。森林空間を有効利用した方法として有望であるだけでなく、培地の作製までは通常の菌床栽培用の空調施設でも可能であるため、菌床栽培用の遊休施設が十分に活用できる。地域の直売所での販売にも期待できる品目と考えられるが、収穫の安定性と虫害対策には、今後への課題がある。

簡易施設・遊休農地・林床の活用

●ハタケシメジ

・簡易施設栽培

大きな設備を必要とする空調施設ではなく、遊休農地内などに安価なパイプハウスを作製して、菌床の培養と発生を行う方法についての検討結果を紹介する。簡易施設の状況を表13、写真63に、試験の概要を表14に示した。

結果は図36、写真64に示した通りである。空調施設を用いない簡易施設の中で、二〇〇七年一〇月三一日～一一月七日の八日間の短期間に集中して子実体が発生した。二・五キログラム詰めの四五袋分の培地から、累積収量で八七一五グラム（一袋あたり一九三・七グラム）の子実体が発生し、簡易施設においてハタケシメジを栽培できることが示された。

・林内栽培

次に、簡易施設内で培養した菌床を梅園の地面、アカマツ林の林床に埋設して、子実体を発生させる方法についても検討したので紹介する。

野生株一系統（農工研保有株№.２１０９）を用い、培地はきのこ栽培用ＰＰ袋に一袋二・五キログラム詰めた。培地組成は、一袋あたりスギおが粉一二五グラム、コメヌカ一二五グラム、フスマ一二五グラム、ビール粕二五〇グラム、キノコマイスター（農工研製添加材）一五グラム、含水率は六五パーセントとした。培養は温度二二度、湿度五〇パーセント以上で行い、培養後に、上伊那郡中川村の梅園林床と佐久市平のアカマツ林床に、菌床を埋設した。

〇梅園（中川村）

培養五二日後の菌床一〇〇個を裸出して、二〇〇六年八月一七日に、高さ二〇センチメートルの合板による木枠で囲った地面に並べ、中川村の山林から採取した山土で埋設し、稲わらで被覆した（写真65）。

その結果、二〇〇六年一〇月七〜一六日に、一〇〇個埋設した培地より六九七〇グラムの収量（一培地あたり六九・七グラム）が得られた（写真65、図37）。

〇アカマツ林床（佐久市平）

培養六〇日後に計一〇〇個の菌床を三グループに分け、それぞれ最外層にドリルくず（原木栽培において、ドリルによる穴あけによって生じた木くず）、根・草、落ち葉の被覆資材を用いて、以下の手順で二〇〇六年八月二五日に埋設した（写真65、図38）。林床の落ち葉などを除去した地表面に、雨水の滞留を防ぐために鹿沼土を二〜三センチ敷き、その上に菌床を並べた。ピートモスと山土を容積比で七：三に配合した材料で菌床の隙間を埋めるとともに菌床を薄く被覆し、さらに最外層に被覆資材を施した。供試した菌床数は、被覆資材別に、ドリルくず用三四個、根・草用三三個、落ち葉用三三個である。

その結果、二〇〇六年九月二八日〜一〇月七日に、計一〇〇個埋設した培地より一万八六〇〇グラムの収量（一培地あたり一八六グラム）が得られた（写真65、図39、図40）。被覆資材別にみると、ドリルくず一二〇〇グラム、根・草六九〇〇グラム、落ち葉一万五〇〇〇グラムであった。二〇〇六年八月二五日に菌床埋設してから速やかに、九月一四日には幼子実体が地上に発生してきたが、収穫までは一四日間を要し、幼子実体が発生してから収穫までの期間は、ナメコ、クリタケ原木栽培における七日間程度に比較すると長かった。

梅園内においても、林内においても、一次発生のみで終了したが、遊休農地や林床での培養菌床の埋設により、選抜した野生株を用いてハタケシメジが栽培できることが示された。

●クリタケ

簡易施設・林床を活用したクリタケ栽培については、第2章においても概要を紹介した。ここでは、具体的な試験例を紹介して、前記した事項を補強したい。

・簡易施設栽培

長野県上伊那郡中川村において、以前には野菜を栽培していた遊休農地内に、表13に示した仕様のパイプハウスを設置した（写真63、前記のハタケシメジに使用した簡易施設と同様）。試験の概要は、表15に示した通りである。培養菌床は一つのプランターに四個ずつ埋設した。

結果を図41、写真66に示した。空調施設を用いない簡易施設の中で発生に供したところ、二〇〇七年二月二一日〜四月一九日の二か月間に分散して子実体が発生した。〇・六キログラム詰め六〇袋分の培地から、累積収量で三六八〇グラム（一袋あたり六一・三グラム）の子実体が発生し、簡易施設においてクリタケが栽培できた。

・林内栽培

◯培養菌床の林内埋設

菌株は、クリタケ野生株四系統（農工研保有の№２１０７、１５３８、林総セ保有の№31、27）を用いた。ブナおが粉・**ホミニーフィード**・大豆種皮を容積比一〇：一：一、含水率六五パーセントに調製した培地一・二キログラムをＰＰ袋に詰め、高圧殺菌した。供試数は一系統につき八袋である。二〇〇六年一月七日から七月一八日まで二〇度で培養し、その後埋設まで冷暗所で保管した。八月二五日にこれらの培養菌床をアカマツ林（佐久市平）に運び、袋から取り出して林内の土壌中に埋設した。

さらに、その表面を広葉樹の落ち葉で被覆した。

結果を図42、写真67に示した。埋設当年である二〇〇六年一〇月中旬から一二月上旬にかけて子実体が四系統とも得られ、最も収量のよいNo.27では九二五グラムが収穫され、最も少ないNo.１５３８は二〇〇グラムであった。埋設当年には四系統合計で一七〇八グラムの収量が得られた。翌年の二〇〇七年にも一〇月下旬から一一月中旬に、No.２１０７を除く三系統で子実体が発生した。二〇〇七年の合計収量は四〇〇グラムであった。二年間の合計で二一〇八グラムの収量があり、一・二キログラム詰め一培地あたり六六グラムの収量が得られた。収量性のよい菌株としてNo.27を選抜した。

○コンテナ埋設による林内発生

前記の「簡易施設栽培」において、簡易施設内で培養したクリタケ菌床をコンテナに埋設し二〇〇六年一二月二一日から二〇〇七年四月三〇日まで簡易施設内で子実体を発生・収穫した結果を紹介した。その後さらに、これらの培地をコンテナごと（計六コンテナ）、アカマツ林の林床（前記「培養菌床の林内埋設」と同じ佐久市平）に二〇〇七年五月一六日に移動して、自然環境下で子実体を発生させた。

結果を図43、写真68に示した。二〇〇七年一〇月一五日から二〇〇七年一一月一五日までに六コンテナの合計で七二五グラムの収量が得られた。前年冬期に簡易施設内で子実体を発生させた後、林内に放置しても翌年引き続き収穫できた。

5　きのこの力を最大限引き出す

クリタケ原木栽培では、種菌を接種した原木から直接子実体が発生するだけでなく原木から数センチメートル～一メートル程度離れた土壌中からも子実体が発生している（写真69）。このような現象は、生産現場では「ハナレ」と言われている（以下、「ハナレ現象」と呼ぶ）。ハナレ現象の機構については、原木内の菌糸体が土壌中の有機物に蔓延して起こることなどを漫然と指摘する栽培技術書はあるが、明確な検討例はなかった。そこで原木栽培において、ハナレ現象の子実体の由来をていねいに調べたところ、子実体の柄が直接原木から発生せず「**根状菌糸束**」から発生していることを観察した（写真70）。また、殺菌原木栽培や菌床栽培により再現試験を行ったところ、いずれの場合も根状菌糸束の形成および そこからの子実体の発生を確認した（写真71）。さらに、ハナレ現象により発生した子実体からの分離株について**対峙培養試験**および**ＲＡＰＤ分析**を行い、原木から離れた位置にも接種系統に由来する子実体が発生することを示した。このようにハナレ現象の観察を基に、クリタケは菌糸束や根状菌糸束を形成して土壌中の木質の基質を介してテリトリーを広げ、子実体を発生させて胞子を分散させる生態をもっていることがわかった。

そこで、次にこの特性を活用して、森林内にクリタケが自然に増殖していくきっかけを与える技術に繋げようと考えた。原木に種駒を接種するように、森林そのものに種菌を接種する方法である。クリタケの発生している森から野生のクリタケを採取して分離・培養し、その菌をもともとあった森において自然に増殖させる技術である。ただ、自然に増殖していく過程を追跡するためには、クリタケの遺伝的特性について調べ知見をもっておく必要がある。そこで、信州大学農学部と共同で、全国から収集したクリタケ野生株についてＤＮＡ解析の手法を用いて、遺伝的変異性を調べた。その概要を以下に紹介する。

日本の一一道府県（北海道、青森、岩手、秋田、山形、福島、群馬、長野、岐阜、京都、および鳥取）から採集した野生クリタケ三二菌株における遺伝的変異性を検討するために、ミトコンドリアＤＮＡ（ｍｔＤＮＡ）のＲＦＬＰ分析を行った。野生クリタケ三二菌株は、それぞれ固有のＥｃｏＲＩ《エコアールワン》およびＥｃｏＲＶ《エコアールファイブ》のｍｔＤＮＡ‐ＲＦＬＰ ＤＮＡパターンを示した。制限酵素断片のサイズの総和から、クリタケｍｔＤＮＡのサイズは五三・四〜八四・四キロベース（平均：六九・四キロベース）と推定された。制限酵素断片の有無に基づいて算出した各野生株間の遺伝距離の値は、これまで調査されたシイタケ、ヒラタケ、およびナメコと比較して明らかに大きく、クリタケ自然集団においてｍｔＤＮＡの高い変異性が保持されていることが示唆された。すなわち、野生クリタケは、シイタケ・ヒラタケ・ナメコと比べて、日本の地域ごとに遺伝的に隔離された状態にあることが示唆された。ただし、クリタケｍｔＤＮＡの変異と地理的分布の関連性までは明確に認められなかった。

これらクリタケの基礎的な知見を得た上で、培養菌床の埋設によるクリタケの自然増殖誘導技術の開発・実証試験を行った。

クリタケの自然増殖誘導技術

クリタケを栽培すると同時に、自然増殖を誘導する技術を開発するため、培養菌床と原木を接触させて埋設することによる自然増殖誘導試験を行った。試験の概念を図44に示した。

菌株としてクリタケ野生株三系統（農工研保有№1531、林総セ保有№27、31）を用いた。ブナおが粉・ホミニーフィード・大豆種皮培地（容積比一〇：一：一、含水率六五パーセント）を調製し、培地一・二キログラムをきのこ栽培用PP袋に詰め、高圧殺菌した。放冷後に同じ組成の培地で培養した種菌を接種して、二〇〇六年一月七日から七月一八日まで二〇度の空調施設内で培養した。埋設まで室内の冷暗所で保管した後、アカマツ林床（長野県佐久市平試験地）において八月二五日に培地を裸出して原木に接触させて埋設した（写真72）。埋設した菌床は一系統あたり八袋である。林内土壌で埋設後、広葉樹の前年秋に落葉した落ち葉で被覆した。

菌床を接触させた原木は伐採後六か月経過したコナラを用いた。一系統あたり、直径一〇センチメートル、長さ二五センチメートルの原木（側面にチェーンソーによる切り込み入り）を四本、長さ五〇センチメートルに玉切り後に半割した原木を四本、それぞれ用いた。なお、これらは、直径一〇センチメートル、長さ一メートルの原木二本分に相当する。埋設した菌床および接触させた原木からの子実体発生状況を調査した。

子実体の発生状況を写真73に示した。埋設当年の二〇〇六年秋には菌床から直接発生する子実体が主体であったが、翌年の二〇〇七年秋には原木から発生する子実体がみられた。収量、および原木からの発生割合を、図45、表16に示した。埋設の翌年には、原木からの収量が五七・八パーセントを占めた。

培養菌床を原木に接触させて林内に埋設することで、培養菌床から子実体を発生させ、さらに菌床に接触する原木からも子実体が発生できた。埋設後二年間のみの結果であるが、埋設年には菌床から子実体が発生し、二年目には原木からの発生も始まって菌床と原木の両方から発生した（図46）。

自然増殖技術開発の第一歩であるが、培養菌床を山に埋めてそこから子実体を発生させながら、菌床と接触する原木に菌を増殖して、今後は原木からも子実体を発生させる方法である。その山にあった野生株を用いて行えば、根状菌糸束からの子実体から胞子も分散し、次第にその山のクリタケを広めることも可能と考える。さらに得られたＤＮＡ解析技術を使ってその過程を追跡していける。

第5章

おいしいきのこをおいしく届ける
——地域を循環する経済への貢献

ヌメリスギタケ

1　地域を循環する経済

第4章では、里山の再生について「きのこ」を切り口として紹介した。しかし、実際に再生を実現するためには、きのこそのものだけでなく、さまざまなアプローチが必要なことは言うまでもない。その最も重要な事柄の一つが経済性、特に「地域を循環する経済」の実現と考える。地域を循環する経済とは、資源・人・利益が地域内を循環する経済のことである。里山の資源や里山での活動が人の生活にとって必要なものとなるためには、たとえ小さくとも経済活動と繋がることが大切である。

里山の産物は季節性が強く、きのこや山菜では、収穫のピークがわずか一、二週間のものが多い。したがって、長い期間にわたって生産を続けていくためには、多品目・多品種を繋いでいくことが重要になる。販売は、全国への宅配も可能だが、なんといっても地域の直販所が重要である。また、グリーンツーリズムなど観光・体験型農林業との連携、保存・加工技術の開発なども忘れてはならない。既存の流通には乗らない産品でも、きちんと消費者に食べ方を伝えることや食べやすく加工するサービスの提供などがあれば、大きな価値を生み出すはずである。

そこで本章では、「地域を循環する経済への貢献」に関しての検討結果や取り組んだ事例を紹介したい。まだ、十分とは言えない点もあるが、少なくとも、栽培試験などの技術的な検討だけでなく、収支計算を念頭において行ったものである。さらに、直販所での販売に適した商品例なども考察・提案して今後の参考に供したい。

2 クリタケ簡易接種法による経営収支（計算例）

第4章「広葉樹原木の利用」（153ページ）で紹介した試験例について収支計算を行った。簡易接種法によるクリタケ原木栽培試験の結果、春に接種し翌年秋から発生が始まり、収量のピークは発生二年目であった。三年目以降は次第に減少するが、五年間の累積収量は原木一本あたり六六四グラムとなった（129ページ図25）。これを基にして、表17（次ページ）のような年次別収量のモデルを作成した。五年間で原木一本あたり六五〇グラムの収量とすると、原木一〇〇〇本あたり六五〇キログラムのクリタケが得られる。販売単価を取引例から一キログラムあたり一二〇〇円とすると、販売額は七八万円となる。資材費、出荷経費などを差し引いた収益は四九万八九七〇円となり、一日あたりの労働報酬が二万三九円得られる（表18）。あくまでも計算例であるが、考案した技術の実用性を一定程度示すことができた。

表 17　簡易接種法によるクリタケ栽培の年次別収量モデル
第 4 章で紹介した簡易接種法によるクリタケ原木栽培試験の結果、春に接種し翌年秋から発生が始まり、収量のピークは発生 2 年目であった。3 年目以降は次第に減少するが、5 年間の累積収量は原木 1 本あたり 664g となった。これを基にして、年次別収量のモデルを作成した。5 年間で原木 1 本あたり 650g の収量とすると、原木 1000 本あたり 650kg のクリタケが得られる。

（原木 1 本 1 代あたり 650g 発生するとして）

発生年次	収量（g / 本）
1 年目＊	100
2 年目	250
3 年目	150
4 年目	100
5 年目	50

＊春に接種の場合：翌年の秋、その以降の接種：翌々年の秋

表 18　簡易接種法によるクリタケ栽培の収支（原木 1000 本あたり）
販売単価を取引例から 1kg あたり 1200 円とすると、販売額は 78 万円となる。資材費、出荷経費などを差し引いた収益は 49 万 8970 円となり、1 日あたりの労働報酬が 2 万 39 円得られる。

① 収入

収量	5 年間で原木 1,000 本あたり	650 kg
販売金額	650kg × 1,200 円 =780,000 円	780,000 円

② 支出

	項目	数量	単価	金額
生産資材	原木＊	1,000 本	100 円	100,000 円
	種菌	25 袋	1,000 円	25,000 円
	燃料（ガソリン･オイル･チェーンオイル）			10,000 円
	小計			135,000 円
出荷資材	トレイ	650 枚	4 円	2,600 円
	ラップフィルム	6 本	1,800 円	10,800 円
	ダンボール箱	217 枚	90 円	19,530 円
	小計			32,930 円
出荷費	輸送費	650 kg	30 円	19,500 円
	手数料	780,000 円	12 %	93,600 円
	小計			113,100 円
	合計			281,030 円

③ 労働

内容	総数	1 日 1 人あたり	人数
接種	1,000 本	300 本	3.3 人
被覆	5,000 本	5,000 本	1 人
採取	650 kg	150 kg	4.3 人
包装	6,500 個	400 個	16.3 人
合計			24.9 人

④ 収益　780,000 円　－　281,030 円 ＝　498,970 円

⑤ 1 日あたり労働報酬

498,970 円　÷　24.9 人 ＝　20,039 円

＊原木の調整経費を原木代として計上した。

3　簡易施設（パイプハウス）を利用したクリタケ菌床栽培による経営収支（計算例）

第2章「クリタケの栽培技術」（87ページ）でクリタケの菌床栽培技術について紹介した。ここでは、そのうちのパイプハウスなどの簡易施設での菌床栽培の経営収支について計算例を紹介する。

栽培試験により、可能な限りの長期間にわたる発生経過と最終累積収量を調査して経営計算の指標を把握した。また、生産者の協力を得て現地適応化試験を行い、得られた子実体を直販所で販売してみた。それらの結果から収支計算例を作成している。

現地適応化試験の栽培方法は、以下の通りである。

菌株：長野県林業総合センター保有の野生株一系統。培地組成：クヌギおが粉・フスマ・コメヌカ・コーンブラン＝三〇：一：一：一（容積比）、含水率六五パーセント。培地重量：二・二キログラム、フィルター付きPP袋使用。培養：パイプハウス内、培養期間内平均温度二二度、培養期間三〇〇日間。発生：パイプハウス内、培地を袋から取り出して裸出、発生期間内平均温度一二度、湿度九〇パーセント以上。収穫調査：株取り後、収量を測定、発生処理後二五〇日間。供試培地数：一一二個。

収穫後にパック詰めし、直販所で販売した。経営費を調査して販売額と比較して収支を検討した。なお、長野県南安曇郡三郷村（現・安曇野市）中村正雄氏の生産施設を使用して行った。

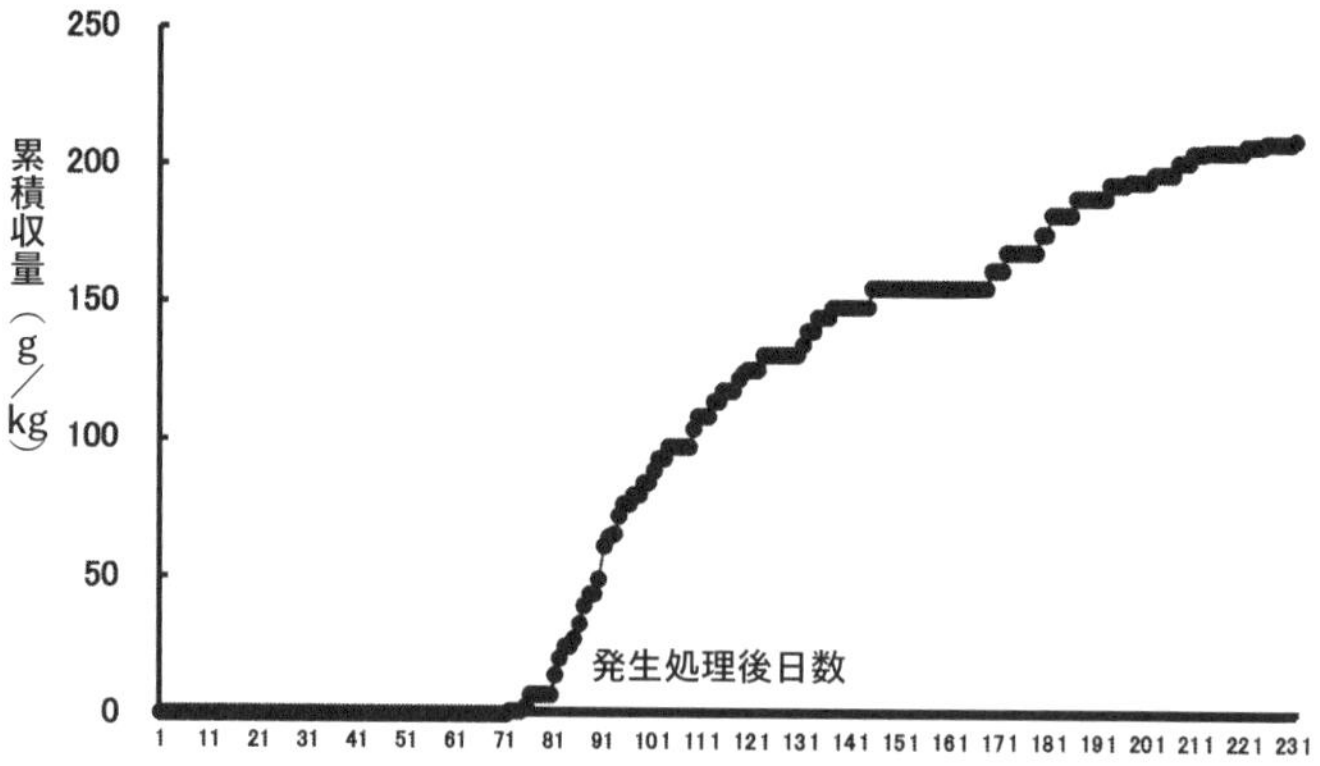

図 47　クリタケ菌床栽培（パイプハウス）の子実体発生経過（培地 1kgあたり）
クリタケの菌床栽培技術のうち、パイプハウスなどの簡易施設での菌床栽培の経営収支について可能な限りの長期間にわたる発生経過と最終累積収量を調査して経営計算の指標を把握した。

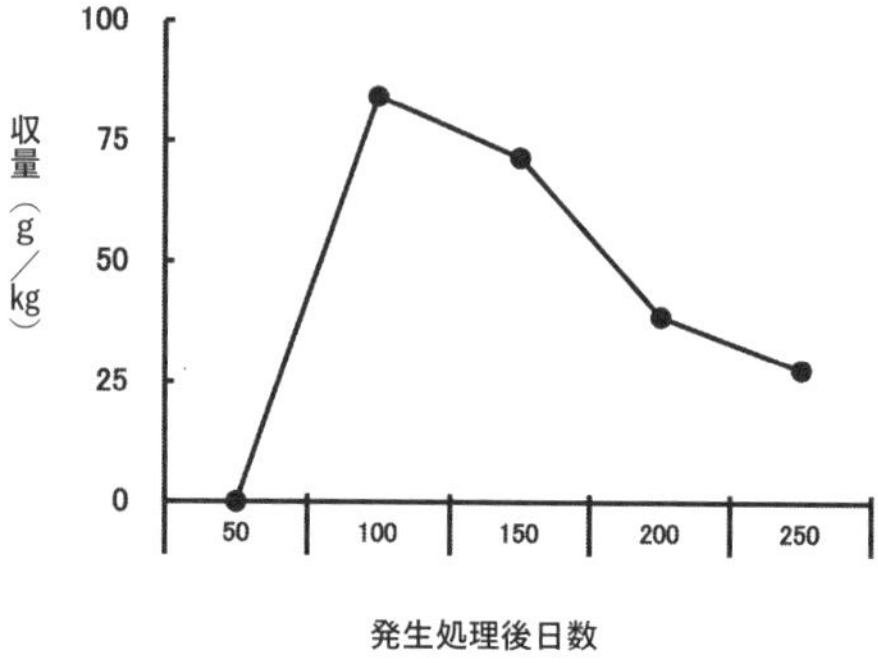

図 48　クリタケ菌床栽培（パイプハウス）の子実体発生経過（培地 1kgあたり）
発生処理後、250日間で培地1kgあたり210.1gの子実体が得られた。

表 19　クリタケ菌床栽培（パイプハウス）現地適応化試験収支計算
地域の直販所で販売したところ、1培地あたり316円の利益が出た。

区分	項目	金額（円）	備考
経費	種菌費	24,180	1 ビン 1,300 円、培地 40 個接種
	培地材料費	28,900	おが粉 22,900 円、栄養材 6,000 円
	薬剤費	2,424	アルコール、綿ガーゼ
	光熱動力費	24,800	電気・灯油
	修繕費	2,121	パイプハウス・機械器具補修材料
	諸材料費	1,515	作業衣・手袋
	償却費	87,000	建物・施設・機械器具
	租税公課	2,121	固定資産税、農協部会費
	雇用労賃	26,139	収穫作業パート雇用
	流通経費	24,000	ラップ、トレイ、ダンボール
	計	223,200	
生産物収入		458,490	3,275（100g 入り）パック× 140 円
収益		235,290	
1 培地あたり収益		316	

注）1 釜あたり（2.2kg袋培地 744 個）で計算

結果を図47・図48および表19に示した。

発生処理後、二五〇日間で培地一キログラムあたり二一〇・一グラムの子実体が得られた。空調施設での結果には及ばないが、パイプハウスを用いた省資源型施設でもほぼ同様の発生が可能なことが示唆された。地域の直販所で販売し収支計算を行ったところ、一培地あたり三一六円の利益を上げることができた。

クリタケの菌床栽培が、施設費・冷暖房費・人件費を削減したパイプハウスなどによる省資源型の栽培方式により、発生が早期に集中しなくとも総収量がある程度得られれば実用可能なことがわかった。

4 ヤマブシタケビン栽培による経営収支（計算例）

第2章で紹介したヤマブシタケ菌床栽培について、長野県千曲市の久保産業の栽培施設を使って二〇〇二年に試験的な栽培と販売を行い販売状況と経営収支について調査した。試験栽培したヤマブシタケをパック詰めして、農協・地元市場・商社などを通じて出荷し、二〇〇二年一～一二月の経営費を調査して販売額との収支を検討したものである。

二〇〇二年一～一二月に、一〇〇グラム入りで二〇万二三八〇パック出荷し、一年間で約二〇トンを生産して販売した。一ビンあたりの平均収量は一〇〇グラムであった。

表 20　出荷先別の販売状況（2002 年 1 ～ 12 月）

試験栽培したヤマブシタケをパック詰めして農協・地元市場・商社などを通じて出荷し、その間の経営費を調査して販売額との収支を検討した。年間平均価格は 100g あたり 84.9 円であった。これは、2001 年の主要品目平均価格（長野県資料）、エノキタケ 31.3 円、ブナシメジ 44.2 円、ナメコ 44.3 円に比較すれば有利な価格である。

	農協	地元市場	K 商社	I 商社	全体
数量（× 100g）	100,435	30,348	21,381	50,216	202,380
比率（%）	49.6	15.0	10.6	24.8	100.0
単価（円 /100g）	56.2	112.7	122.2	109.4	84.9

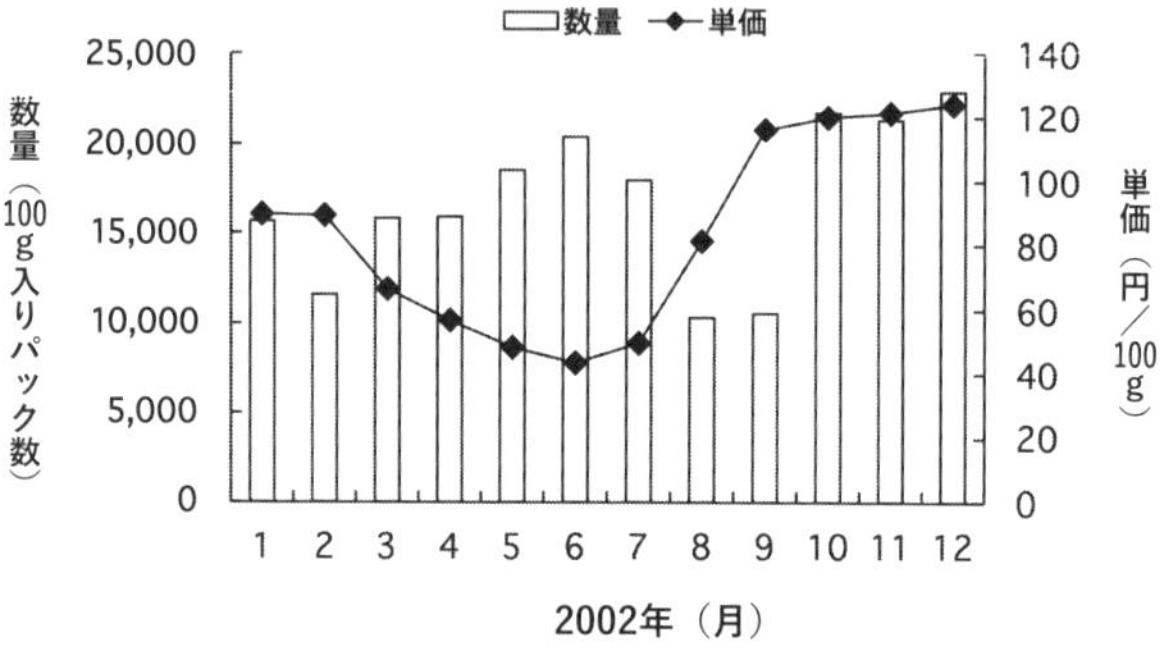

図 49　ヤマブシタケの月別販売数量と単価

3 ～ 7 月の春期から夏期にかけては価格が低迷したが、秋口から冬期には 100g あたり 120 円前後の高値で販売された。

表 21　ヤマブシタケ現地適応化試験収支計算（1 万本あたり）

減価償却費を除く、経営に要した経費を算出して生産物収入から差し引いたところ、1 万本あたり 42 万 4482 円の収益を得ることができた。（金額は当時の消費税 5%込み）

区分	項目	金額（円）	備考			
経費	培養原価	30,870	種菌費	単価　105	使用量　280	本
		90,720	オガクズ	7,200	12	m^3
		16,280	豆皮	35	443	kg
		17,758	コーンマッシュ	37.5	451	kg
		9,035	タカラクリーン	494.5	17.4	袋
	労務費	131,985	ブナシメジ 3 年間の平均を準用			
	電力費	16,970	栽培日数割でブナシメジ 3 年間平均の 1/4 を計上			
	燃料費	7,600	ブナシメジ 3 年間の平均を準用			
	水道費	2,300	ブナシメジ 3 年間の平均を準用			
	修繕費	20,000	ブナシメジ 3 年間の平均を準用			
	消耗品費	81,000	出荷用トレイなどは実費、他はブナシメジを準用			
	経費計	424,518				
生産物収入		849,000	平均単価 84.9 円× 10,000 本、1 ビンあたり平均収量 100g			
利益		424,482	生産物収入－経費			

減価償却費は未計上

出荷先別の数量および単価を表20に示した。年間平均価格は一〇〇グラムあたり八四・九円であった。これは、二〇〇一年の主要品目平均価格（長野県資料）、エノキタケ三三・七円、ブナシメジ五五・三円、ナメコ四六・二円に比較すれば有利な価格である。図49に示したように、三〜七月の春期から夏期にかけては価格が低迷したが、秋口から冬期には一〇〇グラムあたり一二〇円前後の高値で販売された。減価償却費を除く、経営に要した経費を算出して生産物収入から差し引いたところ、一万本あたり四二万四四八二円の収益を得ることができた（表21）。

通年の生産・販売結果から収支が黒字になったこと、主要品目に比較して有利な収益が得られたことから、ヤマブシタケ生産の実用性と生産を拡大する可能性を見出すことができた。

第2章において図9に、林野庁の統計資料から全国のヤマブシタケ生産量と長野県のヤマブシタケ生産量の推移を示した。前記の試験栽培と収支調査を行った二〇〇二〜二〇〇三年の統計である。長野県生産量の大半は、この現地適応化試験に協力していただいた久保産業のものである。第2章でも紹介したように、きのこ産業を取り巻く状況が変化する中で生産量の増減はあるものの、ほぼ長野県の特産物としてヤマブシタケを生産し続けている。

5　山採りきのこの流通特性

二〇〇五年一〇月一三日と一八日の二回、長野地方卸売市場における聞き取りにより、季節性の強い原木栽培きのこや天然物を採取した野生きのこを中心とする、いわゆる「山採りきのこ」の流通品目や流通量を調査して課題を摘出した。

調査日である二〇〇五年一〇月一三、一八日の入荷品目は表22に示した通りである。なお、「品目名」および「他の呼称」は市場の申告による。入荷された主要な品目は、「クリタケ」「ナメコ（原木栽培）」「ハナイグチ」「マイタケ（殺菌原木栽培）」であった。また、「山採りきのこ」の流通経路の現状は図50（194ページ）に示したように、市場流通と直販などの市場外流通の二通りに分かれた。聞き取りの結果から「山採りきのこ」の販売に関して摘出した課題と解決の方向性を表23に示した通り整理した。重要な課題は、次の二つと考えられた。

- 「鮮度」「異物混入」「汚れ」「未知種の混入」に対する対応策を考えることが重要な課題と考えられた。原木栽培や野生きのこを採取したものであっても、子実体の汚れや異物の混入に対する消費者の目は厳しく、最大限の配慮と対策が必要である。
- 市場流通を図る上では、きのこの大きさと包装方法などの規格の徹底が安定的な販売のためには重

表 22　長野地方卸売市場における入荷品目

2005 年 10 月 13 日と 18 日の 2 回、長野地方卸売市場において「山採りきのこ」の流通品目や流通量を調査した。「品目名」および「他の呼称」は市場の申告による。入荷された主要な品目は、「クリタケ」「ナメコ（原木栽培）」「ハナイグチ」「マイタケ（殺菌原木栽培）」であった。

調査日	品目名	他の呼称	調査日	品目名	他の呼称
2005.10.13	アイシメジ		2005.10.18	ウラベニホテイシメジ	
	アミタケ			キシメジ	金茸
	ウラベニホテイシメジ			クリタケ	
	キシメジ	金茸		コウタケ	
	クリタケ			コガネタケ	
				シモフリシメジ	
	シモフリシメジ			チャナメツムタケ	
	ナメコ（原木）			ナメコ（原木）	
	ナラタケ	ヤブタケ、シバタケ		ナラタケ	ヤブタケ、シバタケ
	ナラタケモドキ			ハタケシメジ	
	ハナイグチ	ジコボウ		ハナイグチ	ジコボウ
	ヒラタケ			ヒラタケ	
	マイタケ（原木）			ブナハリタケ	
	マイタケ白（原木）			ホテイシメジ	
				マイタケ（原木）	
				マツタケモドキ	
				ムキタケ	
				ムラサキシメジ	

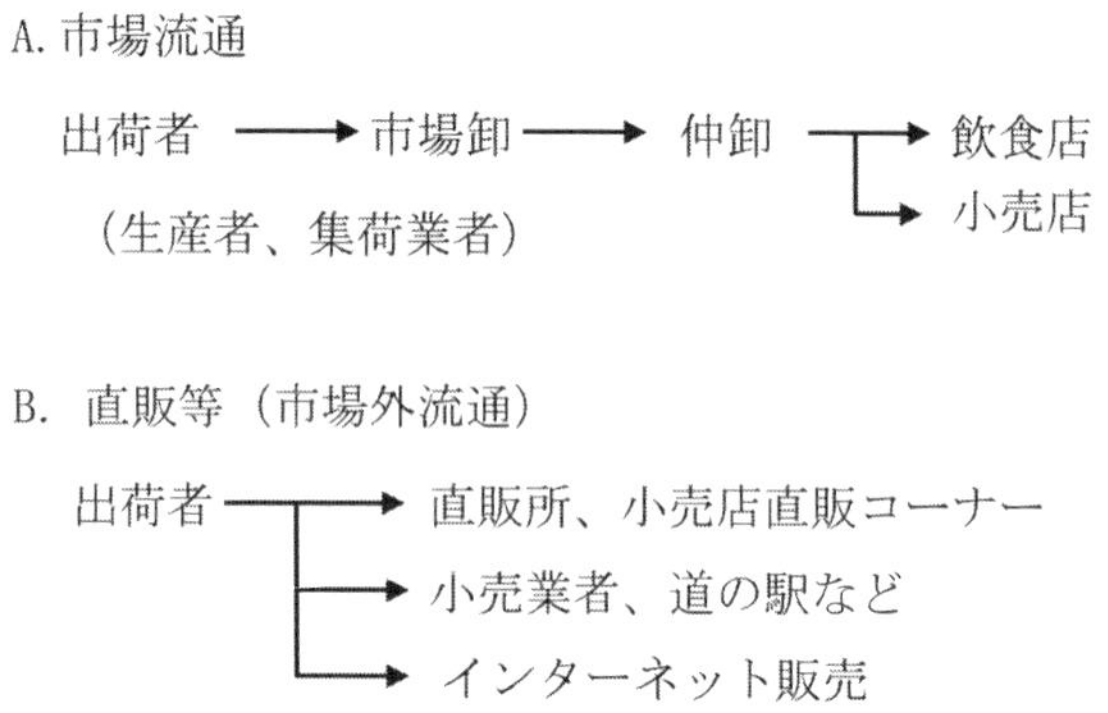

図 50 「山取りきのこ」現状の流通ルート
「山取りきのこ」の流通経路の現状は市場流通と直販などの市場外流通の 2 通りに分かれた。

表 23 「山取りきのこ」販売について摘出した課題
原木栽培や野生きのこを採取したものであっても、子実体の汚れや異物の混入に対する消費者の目は厳しく、最大限の配慮と対策が必要である。また、安定的な販売のためにはきのこの大きさと包装方法などの規格の徹底が重要である。

項目	課題
A．出荷物	種の同定（食用にして安全なきのこであるか）
	鮮度の保持、異物・汚れの除去
	きのこの規格の決定(大きさがそろうか､そろわないか。特に市場流通の場合)
B．商品形態	市場、小売業者への持ち込みの形態の決定（現在は、バラ売りがほとんど）
	栽培きのこ（ナメコ、クリタケなど）のパック詰め方法の決定
	直売所に適したパックまたは袋詰め方法の決定
C．価格	市場流通の卸売りと直販の価格と量に差がある。
D．出荷時期	季節感に対する対応策（早くても、遅くてもダメ）

◀表 24 「地産地消スタイル」きのこ生産者調査結果
市場を通じた出荷を行わず、生産した地域で販売する「地産地消スタイル」のきのこ生産者の実態を調査した。複数品目を組み合わせることで生産期間を長くしたり、販売先に合わせて規格・包装を分けて多様な家庭用パッケージを作成したりするなどの対応策が必要と考えられた。

項目	A 任意組合（佐久市）	B 生産者（阿智村）	C 生産者（安曇野市）
生産方法	佐久市近郊の里山を整備し林内で、きのこや山菜などの生産を行う。	村内の林地で、原木マイタケを主体に一部クリタケ、ナメコの栽培を行っている。	安曇野市近郊で、菌床のハウス栽培を主体とし、一部菌床の地伏せ栽培、原木栽培を取り入れている。
	きのこは原木栽培を主体に複数品目を取り入れて栽培し季節に沿ったきのこを出荷している。	労力2名に合わせた規模に抑え、良品のマイタケ生産が主力。	シイタケ、ナメコを主体に複数品目の組み合わせで生産している。
販売方法	組合の店舗での販売3割程度。	収穫のうち 1/3 が青果販売。近くの温泉場の朝市で直接販売を主体に、宅配利用による販売（個人、料亭）、地元飲食店への提供。またきのこ狩りによる販売を行っている。	上高地、安曇野といった観光地に近い立地を活かし、観光地周辺のお土産店への販売が主力。
	その他は、県内量販店、生協、県内外の旅館への販売、インターネット販売や宅配による販売を行っている。	残り 2/3 は水煮を中心に冷凍などの加工を行い朝市などで販売している。	
	規格外などは乾燥や冷凍にして加工。		
規格・包装	量販店への販売は、時期により年3回程度の値決めをして販売。仲卸や市場の集配機能を利用し配送している。自然味を出すため、落ち葉などは取るが完全にきれいにしない方がよい。	朝市では株を分け 300 ～ 1,000 円 /100g 売価、100g 調整でかいたきのこを集め 100 円 /80g。	お土産用には見栄えよくするためトレー包装。小売りは単価 380 ～ 500 円に合わせた容量にする。
	販売先の用途に合ったサイズのきのこを選んでいる。	贈答用マイタケの株宅配 3,500 円 /kg 見栄えがあり好評。収穫体験も2万～3万円 / 人の購入がある。	
課題	出荷の集中、きのこだけでなく山菜との組み合わせで年間通じて販売先へ提供をしている。	マイタケ主体のため出荷時期が集中する。収穫作業対策として収穫体験も行っている。青果での販売は量に限りがあるため加工製品を考え販売している。	販売の期間は 8 ～ 12 月が中心、時期に合った品目を栽培し、この期間継続して販売している。現在抱えている販売先で売り切れる量の生産に抑えている。

要である。

次に二〇〇六年には、長野県内三か所（佐久市、阿智村、安曇野市）の「地産地消スタイル」のきのこ生産者から生産や販売の実態などについて聞き取り調査を行い、流通特性を検討した。

市場を通じた出荷を行わず、生産した地域で販売する「地産地消スタイル」のきのこ生産者の実態調査結果を表24（前ページ）に示した。これらの聞き取り調査の結果から、「自然味」に溢れたきのこの流通に必要な方向性を整理すると次のようになった。
・単品目では出荷期間が短く出荷が集中してしまうため、事業として継続するためには複数品目を組み合わせて生産し、生産期間を長くする必要がある。
・規格外品が大量に発生するため、ロスを少なくする必要があり、販売先に合わせて規格・包装を分け、多様な家庭用パッケージを作成する対応策が必要と考えられた。
・販売の基本は青果（生）になるが、収穫が集中した場合などに備えて、水煮などの加工製品の検討が必要になる。
直販状況調査により摘出された課題および、見出した流通上のポイントに基づき販売先別の包装スタイルを試作してみた。

ハタケシメジについて、収穫された子実体のうち、大型の子実体を中心にして、トレー、パック包装による直販や、店舗での「お土産用販売」向けの包装形態を試作した（写真74）。また、残された小型

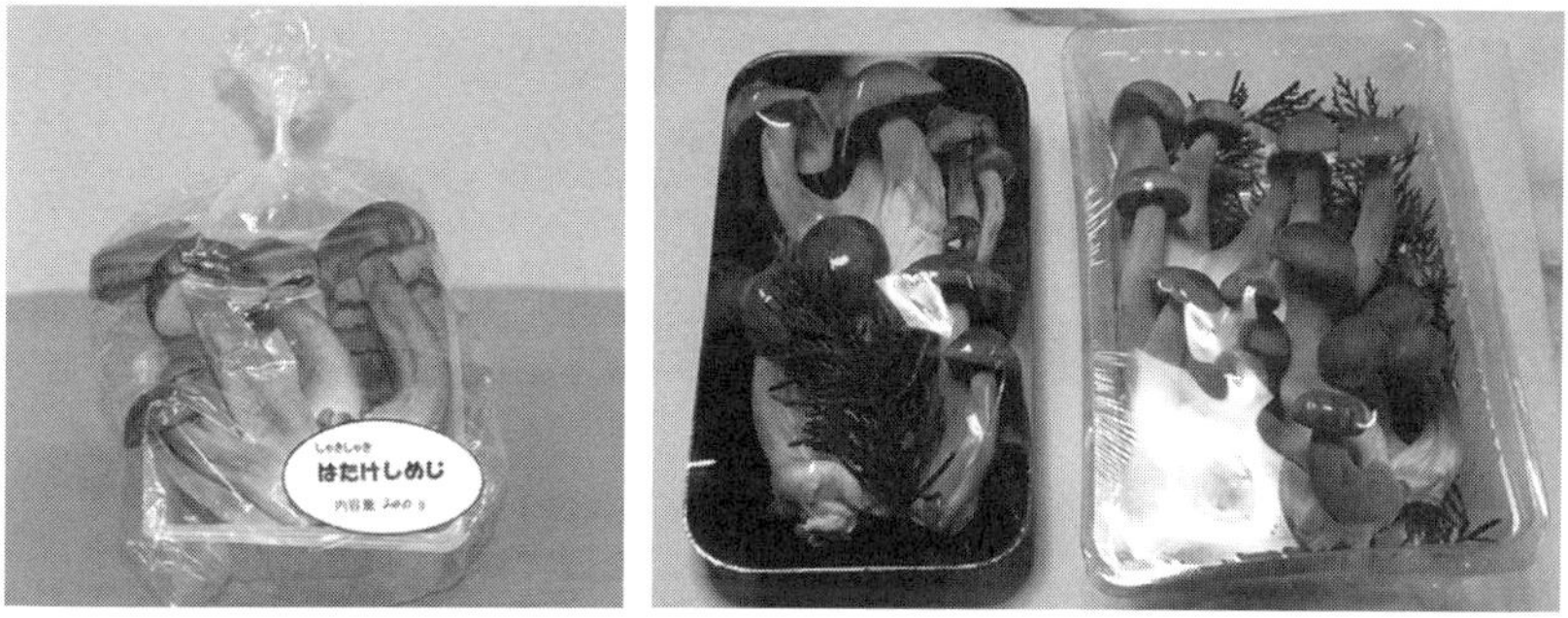

写真 74　包装スタイルの試作（ハタケシメジ）
直販状況調査により摘出された課題および、見出した流通上のポイントに基づき販売先別の包装スタイルを試作した。写真は、大型の子実体を中心にトレー、パック包装した直販や店舗での「お土産用販売」向けの包装形態。

写真 75　包装スタイルの試作（ハタケシメジ）
残された小型の子実体を中心にして、量販店での「家庭用販売」向けの包装形態として 300g や 500g の徳用袋包装も試作した。

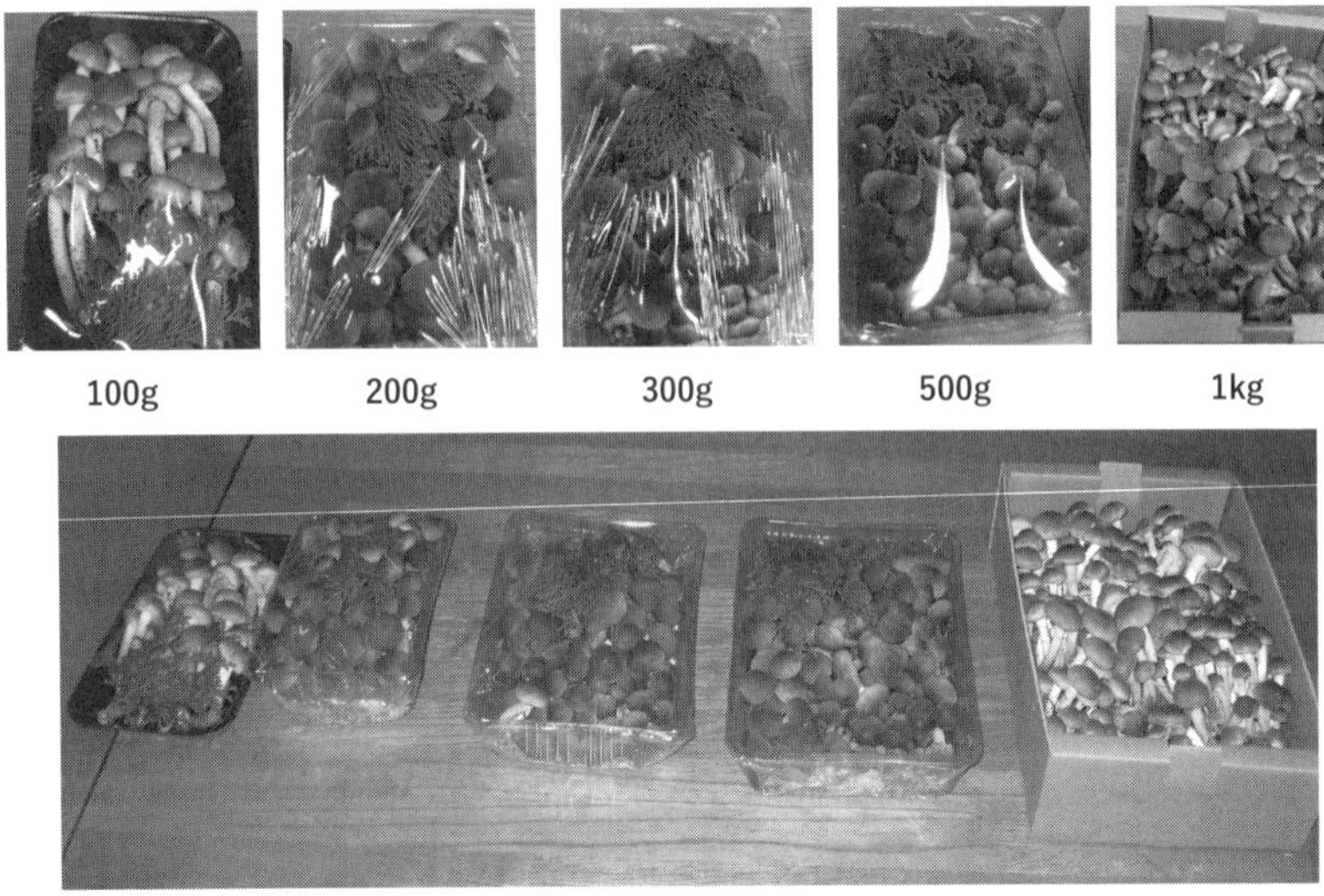

写真 76　包装スタイルの試作（クリタケ）
クリタケでも、自然味に溢れた多様な包装アイテムとして、さまざまな重さの各包装形態を試作した。

写真 77　包装スタイルの試作（複数品目）
自然味を強調した多様な包装スタイル。複数の品目の組合せとして「ハタケシメジとクリタケ（左）」、「ハタケシメジとナメコ（右）」の包装形態を試作した。

表 25　試験販売結果（ハタケシメジ）
栽培試験で発生したクリタケ、ハタケシメジについて、考案した包装アイテムの一部を用いて、試験販売を行ったところ、以下のように好評を得た

販売日	分量（g）	パック数	単価（円）	売り上げ（円）	売り先
2006.9.28	500	15	500	7,500	諏訪地方の仲卸業者
2006.10.1	100	10	350	3,500	諏訪地方の仲卸業者
2006.10.7	100	6	350	2,100	諏訪地方の仲卸業者
計				13,100	

表 26　試験販売結果（クリタケ）

販売日	分量（g）	パック数	単価（円）	売り上げ（円）	売り先
2006.10.29	250	4	400	1,600	諏訪地方の仲卸業者
2006.10.29	100	4	280	1,120	諏訪地方の仲卸業者
2006.11.3	100	5	350	1,750	諏訪地方の仲卸業者
2006.11.13	200	3	300	900	諏訪地方の仲卸業者
計				5,370	

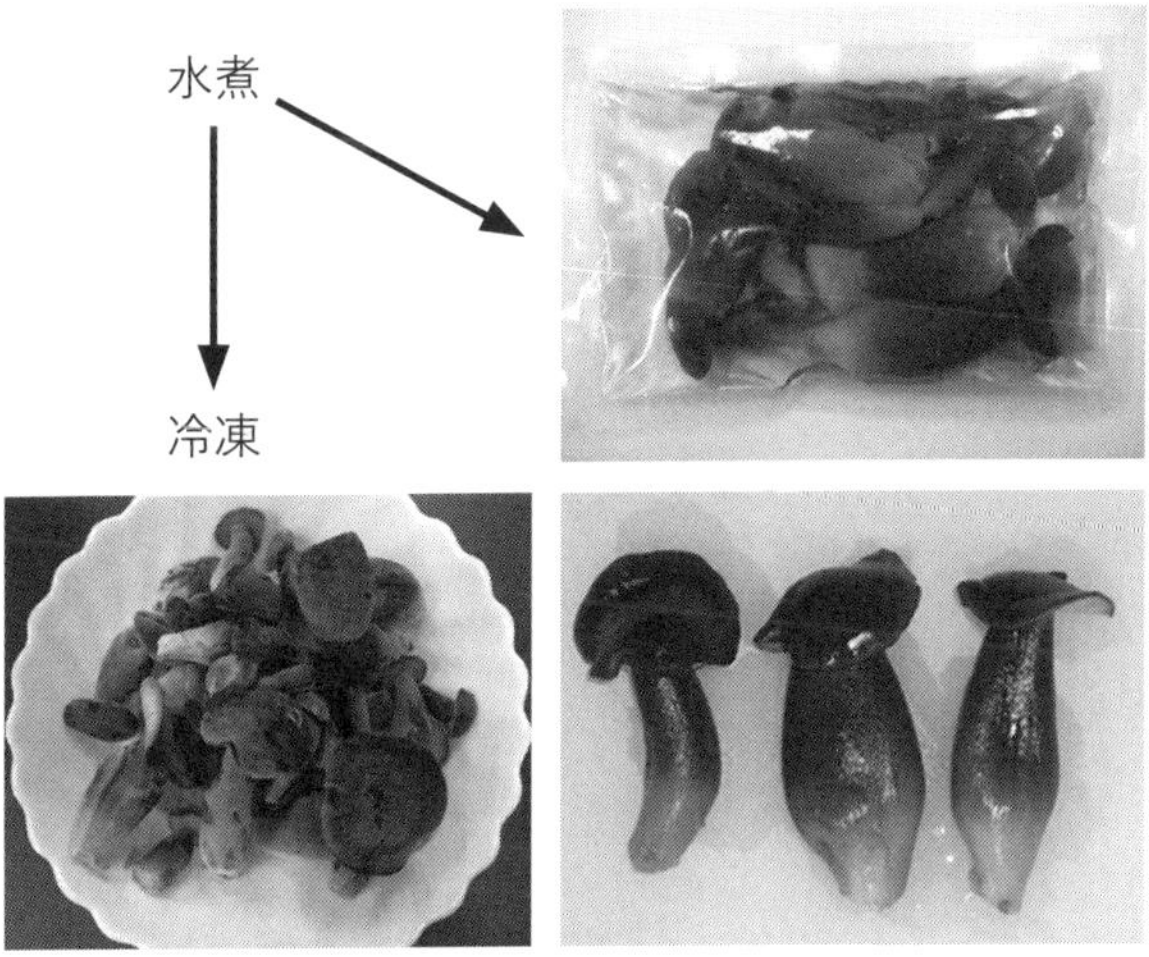

写真 78　加工品の試作
生産コストの低い簡単な方法である「水煮」と「冷凍」による加工品をハタケシメジにより試作した。

の子実体を中心にして、量販店での「家庭用販売」向けの包装形態として三〇〇グラムや五〇〇グラムの徳用袋包装を試作した（197ページ写真75）。

クリタケについて、自然味に溢れた多様な包装アイテムとして、一〇〇グラム、二〇〇グラム、三〇〇グラム、五〇〇グラム、一キログラム入りの各包装形態を試作した（198ページ写真76）。

さらに、複数の品目の組合せとして「ハタケシメジとクリタケ」「ハタケシメジとナメコ」の包装形態を試作した（写真77）。

栽培試験で発生したクリタケ、ハタケシメジについて、考案した包装アイテムの一部を用いて、試験販売を行ったところ、好評を得た（前ページ表25・26）。

さらに、生産コストの低い方法である「水煮」と「冷凍」による加工品をハタケシメジにより試作した（写真78）。

6　多品目を組み合わせた長期にわたる特用林産物の安定生産プラン例

中山間地域の家族労働を主体とする複合経営の中小規模生産者が、きのこ生産を担ってきた。しかし近年、大規模生産企業のきのこ市場への参入や輸入増加によって、これら中小規模生産者の経営は非常に厳しい状況にある。このような状況において、地域においてこれまでに蓄積してきた技術を基に、林地を活用し大規模生産者では実現できない、多品目のきのこを長期にわたって安定的に生産する技術が必要になっている。そこで、第2章に示した技術を中心にして組み立てた生産カレンダーを図51（次ページ）に、一例として示した。

栽培地、施設、仕込み、準備など

これらの仕込み地は、木漏れ日が差す程度の林内が適している。ムラサキシメジ、サケツバタケ、ナメコ、ヌメリスギタケは菌床、他は殺菌原木によって栽培する。ムラサキシメジは、菌床をプランター内で鹿沼土とバーク堆肥に埋設し、広葉樹の落ち葉で被覆した複合培養物を作製してから林内に埋設する。サケツバタケは、プランター内に埋設したまま栽培する。ナメコ、ヌメリスギタケは、林地周辺の遊休農地などに簡易なパイプハウスを設置し、冬期から春先には緩やかな暖房下で培養と春期発生を行い、秋期には林床に移して発生させる。その他の殺菌原木は、露地に直接埋め込んで栽培する。

栽培規模を菌床栽培一品目あたり二〇〇個、殺菌原木三〇〇本とした場合、一品目あたり一〇平方メートルが必要になる。すなわち、図51の生産カレンダーをモデルとした場合、約一一〇平方メートルの林床の栽培スペースが必要になる。

栽培材料となる原木やおが粉をはじめ、取り扱う業者が限られている場合がある。また、仕込み過程で攪拌器や高圧殺菌釜を必要とすることもあるため、材料の入手先や施設の借用について最寄りのきの

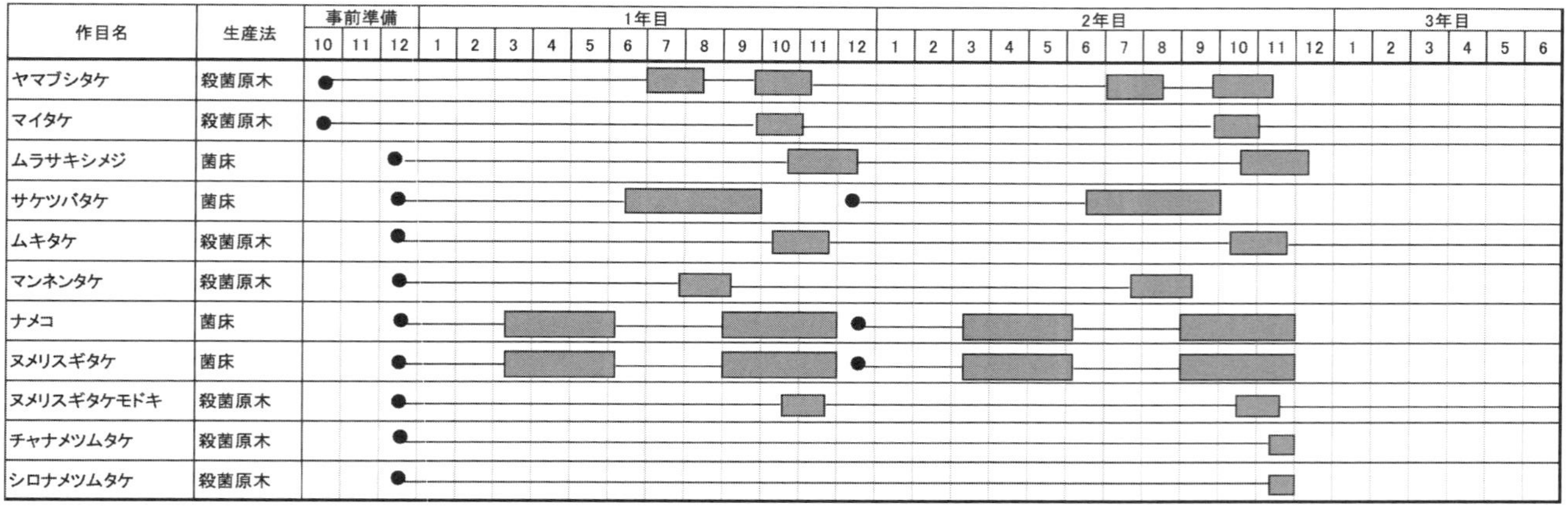

図 51　多品目を組み合わせた安定生産プラン例（長野県内を想定）：生産カレンダー

（出典：「関東・中部地域で林地生産を目指す特用林産物の安定生産技術マニュアル」〔＊ 1〕）

●：作業開始（原木伐採、資材調達など）、■：収穫時期、試験地：長野県塩尻市片丘・標高 880m（ヤマブシタケ、マイタケ、ムラサキシメジ、サケツバタケ、マンネンタケ、ナメコ、ヌメリスギタケ）、長野県佐久市平・標高 820m（ヌメリスギタケモドキ）、長野県飯田市野底山・標高 700m（チャナメツムタケ、シロナメツムタケ）。

——近年、大規模生産企業のきのこ市場への参入や輸入増加によって、中小規模生産者の経営は非常に厳しい状況にある。林地を活用し、大規模生産者では実現できない、きのこの多品目を長期にわたって安定的に生産する技術が必要になっている。

こ生産者や種菌メーカー、公的機関などに相談するとよい。

作業・管理と収穫のポイント

前年のうちに露地伏せの場所にかける落ち葉を集め、乾燥させて保管しておく。チャナメツムタケとシロナメツムタケは接種した翌年の秋からの収穫になるが、その他の品目は、接種した年から収穫できる。マイタケは五年間、ムキタケ、ヌメリスギタケモドキは三年間、ヤマブシタケ、ムラサキシメジ、マンネンタケは二年間と複数年収穫できるが、マイタケ以外は収量のピークは発生一年目になる。マイタケは二〜三年はほぼ同様の収量が得られる。

林内での発生のため、ナメクジやミミズが侵入したり、それを食べる小動物に掘り起こされたりすることがあるが、寒冷紗やビニールシートを利用することで被害を低減できる。

経営試算例

栽培規模を、菌床栽培一品目あたり二〇〇個、殺菌原木栽培一品目三〇〇本とし、二年間の収穫期間で算定した経営試算例を次ページの表27に示した。

経営試算は、生産コスト、収穫物の販売方法、販売単価などで変わるため、算定した収益などは確定的なものではないことはご了承願いたい。

表 27　経営試算例

栽培規模を、菌床栽培 1 品目あたり 200 個、殺菌原木栽培 1 品目 300 本とし、2 年間の収穫期間で算定した経営試算例。

支出	項目	数量	単位	単価（円）	金額（円）	備考
菌床材料	広葉樹おが粉	1.5	㎥	6,500	9,750	
	バーク堆肥	2	袋	820	1,640	1 袋 20kg
	コメヌカ	6	袋	450	2,700	1 袋 15kg
	フスマ	6	袋	450	2,700	1 袋 15kg
	栽培袋	3,200	袋	20	64,000	
殺菌原木材料	原木	333	本	230	76,590	普通原木栽培用 1 本を 6 分割
	伐採・玉切り	16	時間	750	12,000	家族労働 2 名のほか、時給 750 円の雇用労働 2 名
仕込み接種	仕込み人件費	88	時間	750	66,000	家族労働 2 名のほか、時給 750 円の雇用労働 2 名
	殺菌時燃料費	470	リットル	90	42,300	殺菌原木：50リットル、菌床栽培：30リットル
	種菌代	65	本	850	55,250	殺菌原木：7 本、菌床栽培：4 本
	接種人件費	16	時間	750	12,000	家族労働 2 名のほか、時給 750 円の雇用労働 2 名
	パイプハウス損料	1	棟	40,000	40,000	1 棟 200,000 円　耐用年数 10 年
	簡易棚損料	50	基	800	40,000	1 基 6,000 円　耐用年数 15 年
	寒冷紗損料	12	巻	17,000	204,000	1 巻 42,500 円、耐用年数 5 年
培養	光熱費	700	日	200	140,000	10,000 袋入り 1 部屋 1 日あたり 10,000 円　1 品目 1 日あたり 200 円
伏せ込み	伏せ込み人件費	44	時間	750	33,000	家族労働 2 名のほか、時給 750 円の雇用労働 2 名
	プランター代	150	個	100	15,000	サケツバタケ　プランター 1 個に 2 菌床、ムラサキ 4 菌床伏せ込み
	バーク堆肥	20	袋	820	16,400	覆土用　ムラサキシメジ伏せ込み 10 袋、サケツバタケ伏せ込み 10 袋
	鹿沼土	20	袋	850	17,000	覆土用　ムラサキシメジ伏せ込み 10 袋、サケツバタケ伏せ込み 10 袋
収穫	収穫人件費	180	時間	750	135,000	家族労働 2 名のほか、時給 750 円の雇用労働 2 名
合計					985,330	

収入	項目	数量	単位	単価（円）	金額（円）	備考
きのこ販売	ヤマブシタケ	75	kg	2,500	187,500	直販所で販売
	マイタケ	180	kg	3,000	540,000	直販所で販売
	ムラサキシメジ	50	kg	2,000	100,000	直販所で販売
	サケツバタケ	50	kg	2,000	100,000	直販所で販売
	ムキタケ	50	kg	1,500	75,000	直販所で販売
	マンネンタケ	60	kg	3,000	180,000	直販所で販売
	ナメコ	100	kg	1,500	150,000	直販所で販売
	ヌメリスギタケ	80	kg	1,500	120,000	直販所で販売
	ヌメリスギタケモドキ	45	kg	1,500	67,500	直販所で販売
	チャナメツムタケ	30	kg	1,500	45,000	直販所で販売
	シロナメツムタケ	30	kg	1,500	45,000	直販所で販売
合計					1,610,000	
収支決算					624,670	

第6章

きのこを楽しむ

マイタケ

1　庭で部屋で裏山で！　手軽に始めようきのこライフ

ホームセンターなどで販売されている栽培セット

きのこ栽培で生計を立てるプロ生産者がいる一方で、家庭菜園で野菜づくりを楽しむように、きのこを栽培する自家消費型の生産者もいる。特に最近は、家庭用の農林業用機具や農林業資材を販売しているホームセンターで、春先を中心に原木や種菌などが売られるようになった。また、あらかじめ種菌を接種したほだ木が売られているのも目にする。さらには、原木栽培だけでなく、「菌床栽培用キット」としてシイタケ、ナメコのほか、ヒラタケ、マイタケ、エノキタケ、ブナシメジ、さらにアラゲキクラゲなどの多くの品目のビンや袋の培養菌床セットが販売されている。これらの栽培場所は、林内だけでなく、庭先やベランダなどを想定し、栽培方法の案内書が添えられていることも多い。

これらの商品を全国的に販売している森産業株式会社のパンフレット[*1]を基に、家庭でできるきのこ栽培用商品を紹介して、きのこづくりの楽しさに触れていただく一助としたい。なお、菌床シイタケを中心に、栽培キットがきのこ生産者や生産組合、種菌メーカーなどからも各種販売されているが、ここでは代表的な例を紹介する。なお、以下の種駒シリーズ、原木シリーズなどの名称は、パンフレットに記載の名称をそのまま使用した。

家庭での環境や栽培経験の違いによって、収量にばらつきが出ること、プロ生産者ほどには収穫が得られないこともあり得る。しかし、各自が工夫してみることも含め、これら全体を楽しんでいただきたい。きのこのつくり方をさまざまに楽しんでみることで、スーパーの店先のきのこの見え方が変わってくれば、それもまた楽しい。

●種駒シリーズ

原木栽培用の種駒である。長さ九〇センチメートル、直径一〇センチメートル程度の原木約二本に接種できる種駒一〇〇個入りセット、約一〇本用の四〇〇個入りセット、約二〇本用の八〇〇個入りセットなどがある。品目は、シイタケ、ナメコ、アラゲキクラゲ、タモギタケ、ヒラタケ、クリタケ、ムキタケと多数そろっている。パンフレットを見ると、簡単な栽培手引きの記述があり、シイタケの原木栽培法についてのページでは林内を使う場合と家屋周辺でヨシズを使う方法が紹介されている。

●原木シリーズ

種駒未接種の原木と種駒接種済み原木がある。長さ九〇センチメートル、直径一〇センチメートル程度のコナラ、サクラの原木それぞれ五〇本セット。また、同様の大きさの原木にシイタケ、ナメコなどの種駒をそれぞれ接種した「種駒打込み済み原木」の五〇本セット。

●農園シリーズ

袋を用いてきのこ菌を培養した菌床培地を販売し、購入者が家庭の室内できのこを発生させるキット。品目はシイタケ、ナメコ、ヒラタケ、エリンギ、エノキタケ、ブナシメジ、さらにキクラゲと多数。栽培マニュアルも添えられている。

●キッチンきのこシリーズ

農園シリーズと同様にきのこの培養菌床を販売し、家庭の室内で発生させるキットだが、用いる容器が袋ではなく、小型のパックである。農園シリーズのおおむね半分の培地量で、発生可能回数も半分程度になるが、よりコンパクトで、文字通りキッチンでも栽培できる。品目は、エリンギ、ナメコ、ヒラタケ、エノキタケがある。

マイタケなどの殺菌原木栽培セット

第4章「殺菌原木栽培」（159ページ）において、マイタケの殺菌原木栽培法について紹介した。培養がほぼ完了したマイタケ殺菌原木を袋に入った状態で販売しているグループがある。自家用としてこれら数個を購入し、原木を袋から露出して庭先や林床の土に埋設してマイタケを収穫する人々もいる。発生が始まると三～四年は続けて収穫できるため、肉厚の天然に近いマイタケを毎年楽しむことができる。

光るきのこの栽培キット

株式会社岩出菌学研究所では、自分で育てて鑑賞できる「光るきのこ　ヤコウタケ栽培キット」を販売し、ワークショップも開催して方法を教えている。これは、次に紹介する「きのこリウム」では上級レベルに相当する。コロナ禍の影響で、「おうち時間」を充実させる提案が相次ぎ、きのこを自宅で栽培するための商品をよく目にするようになった。

きのこリウムの世界

水槽で魚や水草を育てて家庭で楽しむ「アクアリウム」という趣味の世界がある。このきのこ版として「きのこリウム」がある。きのこリウムとは、ガラスなどの小さな容器の中に自然の一部を切り取ってきたかのような、きのこのある景色をつくる方法・世界である。

また、『部屋で楽しむきのこリウムの世界』[*2]によると、きのこリウムとは、テラリウム（陸上の植物や小動物をガラス容器などの中で育成する方法）という世界があるが、「『きのこ』＋『テラリウム』＝きのこリウム」というわけだ。

写真79に示したように、きのこリウム作製の体験教室なども行われている。育てる楽しみと創り出す楽しみ、両方を味わうことができる。きのこづくりそのものが目的ではないが、日々生長するきのこの姿を家庭で味わうものである。きのこの楽しみ方の一つとして紹介する。

写真 79　きのこリウム作製体験（ナガノきのこ大祭 2024）
ガラスなどの小さな容器の中にきのこのある景色をつくる「きのこリウム」。きのこリウム作製の体験教室なども行われており、育てる楽しみと創り出す楽しみ、両方を味わうことができる。

●材料
ガラスコップや小さめの器（ふたのあるものがよい）、菌床（広葉樹のおが粉などに栄養材を加えた培地にきのこの菌を植えつけ、ブロック上にしたもの）、ほだ木（コナラやサクラ、クヌギなどの広葉樹の原木にきのこの菌を植えつけ、全体に菌が回った状態のもの）、鉢底石（容器の底に敷いて余分な水分を溜めておく）、用土（赤玉土・けと土）、コケなどである。また、道具としてスプーン、ピンセット、ハサミ、霧吹きなども必要である。

●菌床を利用した最も簡単なつくり方
①容器・道具をよく洗う……ガラスコップやスプーンなどを台所洗剤でよく洗う。
②菌床をスプーンで崩す……細かく砕いたものと、二センチメートル程度の塊状のものを数個用意する。
③ガラスコップに菌床を詰める……細かく砕いた菌床をまずコップに三センチメートル程度の深さまで入れる。次に塊状の菌床を埋め込

む。全体をスプーンで押し固める。
④コケや流木で飾りつけをする……コケの茶色の部分を切り落とす。菌床の上に直接コケをのせる。流木を埋め込む。
⑤霧吹きをする……コケの表面が少し湿る程度が目安。

●手入れ・管理方法
湿度と温度の管理が最も重要なポイントとなる。霧吹きで水分を供給するが、過多になって水が底に溜まるほどになると菌床が腐敗しやすくなる。容器にふたをする方が適度な水分を保ちやすい。湿度を保った状態で、直射日光の当たらない明るい場所で管理する。それぞれのきのこに適した温度になるときのこが発生する。

●きのこリウムに向くきのこ
樋口氏の本によると、エノキタケ、ナメコ、ヌメリスギタケ、ヒラタケなどが適している。本章のはじめに紹介した栽培キット、特に農園シリーズの培養菌床を活用することもできる。

2　きのこに魅せられて――きのこ好きのためのきのこイベント

きのこ大祭

近年各地で「きのこ大祭」の輪が広がっている。発祥は「フクオカきのこ大祭」である。福岡県東峰村でシイタケ栽培を営む「宝珠山きのこ生産組合」役員の川村倫子氏が実行委員会の代表を務めて二〇一四年に第一回が開催された。その後に、各地で「きのこ大祭」の実行委員会が立ち上がり、開催されるようになってきた。それぞれに独立した実行委員会であるが、互いに連携・連動して輪が広がっている。筆者が把握する限りであるが、「フクオカ」に続き、「ヨコハマ」「ナガノ」「イワテ」「オオサカ」「ヒロシマ」で開催されている。各地での始まりのきっかけはさまざまと思われるが、とびっきりの「きのこ好き」の人々の集まりであることは間違いない。

以下に、各大祭のホームページに掲載されている概要を筆者の視点から紹介する。多くの人々が各地を訪れ盛大に開催されることを願っている。また、きのこ好きの人々の活躍が新しい流れをきのこの世界に及ぼすことを期待してやまない。

写真 80（左）「フクオカきのこ大祭 2015」福岡市内の商店街で開催
写真 81（右）「フクオカきのこ大祭 2015」でのきのこ雑貨の展示・販売風景（長野県林業総合センター片桐一弘氏提供）
フクオカきのこ大祭では、食品としてのきのこのほか、きのこをモチーフにした革製品、きのこ柄の布でつくった袋などの小物、きのこ型のペンダント、きのこ型のハンコ、など、多数のきのこ雑貨のブースが出店している。

●フクオカきのこ大祭（二〇一四年〜）

「見る！食べる！愛でる！〝フクオカきのこ大祭〟は、『きのこ』をキーワードに食×アート×学問を融合させたイベント」とホームページ[*3]で紹介されている。また、「きのこは、食材として、芸術や文学のモチーフとして、科学的研究題材として世界中で愛されている生き物です。このような広いジャンルにわたって多くの人に親しまれている生き物は他にはないと言っても過言ではありません」とも書かれている。

原木栽培シイタケ、各種菌床栽培きのこ、きのこ加工品、きのこ栽培キットなどの食品としてのきのこのほか、きのこをモチーフにした革製品、きのこ柄の布でつくった袋などの小物、きのこ型のペンダント、きのこ型のハンコ、など、多数のきのこ雑貨のブースが出店している。きのこの本、きのこの漫画の販売やきのこ写真コンテストもある。さらに、大学や研究機関のきのこの専門家によるトークショーや相談会などの企画も豊富である。きのこの多面的な魅力を手づくり感いっぱいで紹介し、それぞれの交流が図られている。福岡市内の神社や商店街を使い、楽しみに溢れた催しである（写真80・81）。

●ヨコハマきのこ大祭（二〇一五年〜）

「きのこ好きを『きのこのこ（子）』と称し、『きのこのこ、のこのこ大集合』というキャッチフレーズの元、『きのこ』をキーワードにアートと食に関する諸々を集結させます」とホームページ[*4]にある。二〇一五年以来、横浜市「みなとみらいMMテラス」において開催されている。

●ナガノきのこ大祭（二〇一六年〜）

ホームページ[*5]に以下の「自己紹介」がある。「フクオカ発祥→ヨコハマ経由→そして、ついにナガノにやって来る‼『きのこ』をキーワードに、食・アート・学問を融合させたイベント『きのこ大祭』♪」。きのこの大産地ナガノを背景に、きのこ、加工品、グッズの出店が多彩で多数。長野市内のホテル・公園などを利用し、開催時期も毎年変化している。近年は、千曲市「信州の幸《めぐみ》あんずホール」で開催されている。トークショー、クイズラリー、きのこ汁ふるまい、きのこ釣りなどの企画も多彩（写真82・83）。

写真 82（左）「ナガノきのこ大祭 2023」（トークショー）
写真 83（右）「ナガノきのこ大祭 2023」（山のきのこ鑑定）
ナガノきのこ大祭では、トークショー、クイズラリー、きのこ汁ふるまい、きのこ釣りなどの企画も多彩。

●イワテ盛岡きのこ大祭（二〇一七年〜）
「『フクオカきのこ大祭』が発祥のイベント‼『フクオカ』→『ヨコハマ』→『ナガノ』で開催され、東北でもという思いで、『イワテきのこ大祭』を初開催！」とホームページ[*6]に自己紹介されている。

●オオサカきのこ大祭（二〇一九年〜）
京セラドーム大阪や緑地公園内の建物で開催されている。きのこグッズなどの販売のほか、ステージイベントがあり、きのこジャンケン大会・きのこ対談・高校生による人形劇・きのこコンサート・きのこクイズ大会・こどもきのこ講座などステージイベントも多彩。

●ヒロシマきのこ大祭（二〇一九年〜）
コロナ禍もあって休止していたが、二〇二三年には四年ぶりに第二回を開催。広島市西区にある横川町で開催している。きのこ・きのこグッズの販売のほか、吹奏楽演奏・ダンス・氷の彫刻ショーなど、「きのこ好きのきのこ好きによるきのこ好きのための」ステージがいっぱい。

菌山街道

菌山街道実行委員会は、二〇一六年七月八日（ナバの日）に設立された、きのこを通じて地域の観光振興・地域活性化を目指す団体である。実行委員会会長は、日本きのこマイスター協会認定の「スペシャルきのこマイスター」の資格をもつ藤原明子氏が務める。

二〇一六年一〇月一五、一六日に、菌食と健康、森林保護の観点から、広島県から島根県へと繋がる広域きのこイベント「菌山街道」が初めて開催された。きのこ大祭は主に一か所の会場で開催されるが、菌山街道は現在、広島県と島根県、岡山県の広域にわたる三〇か所のスポットで大々的に開かれる。

コロナ禍も奇跡的に乗り越え、二〇二三年まで毎年欠かさず計八回開催されている。公式ホームページ[7]によると「菌糸のごとく人と人、人と土地を繋ぎ、広島県と島根県のみならず、大幅に多くの県を越えた広域にわたり、きのこを通じて自然教育、文化・観光振興・地域活性化・森林保護への意識作りまで視野に入れたイベントを目指したい」としており、かつて聞いたことのないほど壮大で奥の深いきのこイベントである。

3　きのこの資格

きのこアドバイザー

「きのこアドバイザー」の養成・登録事業を日本特用林産振興会が一九九七年度から実施している。募集案内*8（令和六年度）によると、きのこアドバイザーとは、「きのこに関心のある一般の人々に対して、きのこ類に関する知識・情報を伝え、森林・自然ときのこ類との関わりや健康によい食材、食品としての利用などについて指導・助言を行う専門家」である。きのこアドバイザーとなるには、日本特用林産振興会に設けられたきのこアドバイザー研修・登録委員会により研修生として選考され、さらに所定の研修を修了する必要がある。

これまでに三九〇名を超えるアドバイザーが誕生（二〇二四年現在）し、全国各地で活動している。

きのこマイスター

一般社団法人日本きのこマイスター協会（二〇一〇年六月設立、二〇〇七〜一〇年までは信州きのこマイスター認定協議会）が実施する認定事業である。「ベーシックきのこマイスター」「きのこマイスター」「スペシャルきのこマイスター」のスリーステップ体系で、各ステップ順に受講して試験に合格すると認定される。特徴は、きのこの直接的な知識のみならず、知識を伝える伝道者としてのコミュニケーション能力に関する講義があることである。

二〇二四年六月末における認定実績は、ベーシックきのこマイスター九一六名、きのこマイスター二五九名、スペシャルきのこマイスター一八名で、その在住地は四一都道府県に及ぶ。

きのこ検定

きのこ検定は、公式サイトによると、日本出版販売株式会社が企画・運営し、きのこ検定運営委員会が主催している検定事業である。同サイトによると、「『きのこ検定』は、きのこに関する知識や、きのこの楽しさと魅力を伝えるのに役立つ知識の習得度をはかる検定試験です」とある。『きのこ検定公式テキスト 改訂版』[*9]に記載されている内容について、四級（ビギナーズ級）、三級、二級、一級で実施されている。

第7章

きのこを集め、つないでいく

タマゴタケ

1　きのこ遺伝資源を集める

第2章の冒頭で、「画一的なきのこ生産に対して、多様なきのこ生産を実現するためには、さまざまな特性をもった品種が必要になる。その開発には、特徴のある遺伝資源を収集することが第一歩となる」と述べた。ここでは、きのこの遺伝資源の収集方法を具体的に紹介したい。ただし、筆者らが少なくとも年一回実施しているブナ林での二泊三日のナメコ、ブナシメジなどの遺伝資源探索における体験に基づく点が多い。研究の目的によっては、適合しない方法もあるかもしれないが、それぞれの方が独自の方法を探る上での参考例として、読んでいただければ幸いである。

心構え

きのこの研究開発では、供試する菌株が必要になる。研究期間が限られている場合、菌株の収集をしている時間がないことがある。その場合、遺伝資源を豊富に所持している研究機関や研究者から分譲してもらうことも一つの方法である。また、菌株保存機関から購入することもできる。それぞれの条件・環境に照らし合わせて、必要な場合には有効な手段である。

しかし、あくまでも原則は、目的とする種について、自分の足を使って現地へ行き、自分の目で確認

して、自分で分離・培養する心構えが大切と考える。たとえ時間がかかっても、許される範囲で自分の力で集め、自然界の多様性を菌株として守ろうとする努力が必要である。

入山許可

きのこの採取では森林内に立ち入ることが多い。ナメコなどは、基本的にはブナ林内の倒木や切り株に生えているので、奥山に入ることになる。世界遺産である白神山地のブナ林には、外部の人間が立ち入ることは禁止されている。学会の観察会などで特別許可を取った場合でないと立ち入れない。また、その他にも森林内にはさまざまな規制が存在しており、しっかりと調べて必要な入山許可や採取許可を取る必要がある。

里山でも地域によっては入山を規制する張り紙がある場合やテープなどで囲われている場合がある。特にマツタケ山などは、安易に入ると季節によっては窃盗と見なされる可能性もあるので注意してほしい。当然だが、どんな山にも所有者がおり、林木はむろんのこと、他の地上物でも原則所有者のものである。地域の慣習によっては、他人の入山・採取を厳密にとがめない場合もあるが、安易に立ち入れないことは忘れてはいけない。

現地案内人

普段住んでいない他の地域において、数日間の滞在のみで必要な遺伝資源を採取するためには、現地の実情やきのこの生育場所に詳しい人に現地案内をお願いすることになる。地図上では規制区域に色が塗られていても、現場には色は塗られていない。規制区域になっているところかどうか、現地で判断することは実際には容易ではない。また、それぞれの地域に独特の慣習なども存在するので、よく精通した地元の方に案内してもらうと安心である。そのためには、普段の研究活動を通じて、さまざまな人と交流し助けてもらえる人脈づくりを心がけたい。

交通手段・宿泊先など

目的地が近い場合は、最初から車を使うが、遠方の場合は鉄道・航空機を使い現地でレンタカーを調達する。ぬかるみや急斜面に強いので車は四輪駆動車が望ましい。長靴や菌の分離機材などは、事前に宿泊先に送っておく方がよい。実際に入山する前日の夕刻までには宿泊先に入るなど、余裕のある日程が望ましい。

宿泊先は、収集したきのこの仕分け、リストづくり、分離作業などをするために、参加者全員が集まれる部屋を確保しやすい和式旅館が適している。参加人数はある程度多い方がきのこを探すのに好都合である。林内での単独行動は非効率の上、事故などがあった場合に備えて避けるべきである。筆者の経

験では、多くても車三台に収まる六～八人程度が理想的である。前日にも現地案内人と打合せを行い、翌日の日程、天気による日程変更の可能性、朝食・出発の時間、昼食の確保方法などを明確にし、参加者間の情報共有を徹底しておく。

服装・持ち物など

履き物は、奥山のブナ林などを想定すると、時には川やその周辺を歩くことも多いので、膝下近くまで覆うことができる長靴がよい。スパイクつきの長靴は滑りにくいが、履き慣れないと疲れやすい欠点がある。

服装は、むろん季節によって異なるが、秋の十月を想定すると、早朝より出かける場合は、厚手のシャツやフリースが必要である。一番上には上半身・下半身とも雨ガッパを着た方がよい。たとえ雨が降っていなくとも、ブナ林などは地面が湿っており、時にはぬかるむので、カッパの上下着用が出発時の基本である。

持ち物は、調査の目的によってさまざまだが、ターゲットのきのこをいくつかに絞った採集の場合、体力に自信のない者、初心者ほど、できるだけ荷物は軽くしてのぞむべきである。それでも飲み物、鈴・ラジオなどの熊よけ、飴・チョコレートなどの非常食、簡易救急セット、現地地図、採取物を入れる紙袋、筆記具、ザックの携帯は必須である。通信圏外のことも多いが充電済みの携帯電話、位置情報のわかるＧＰＳ受信機などもあった方がよい。また、熊以外にも林内には蜂・有毒蛇がいることも多く、蜂は黒い物に集まる習性があるので、黒系の帽子や服は避けることが望ましい。ダニ類・蚊の多いところもあるのでダニよけ、蚊よけのスプレーなども誰かが持参していることが大切である。

さらに、出発前の朝食は必ず食べるだけでなく、いつもよりご飯は一杯多くするなど、しっかりとるべきである。

採集

採集は、午前中を中心に考えることが望ましい。ただ、特殊な事情がない限り、未明から始める必要はない。参加者各自が十分に朝食をとり、必要な準備をしっかり整えてから、朝七～八時頃の出発で十分である。目的とする地域によって事情はさまざまとなるが、原則的には採集場所の近くまで車で行けることが望ましい。車の立ち入りに制限がある場合や車が入れる道がなければ致し方ないが、登山ではなく遺伝資源収集が最大の目的であるので、採集そのものに多くの時間と体力を使う行程が望ましい。目的とする現地に到着して採集を開始する際には、再度集合する時間と場所を参加者全員で確認する。後に採集リストなどを作成する目安とするため、採集地の大まかな地名・地点名なども全員で確認しておく。

必ずしも参加全員が一緒に行動する必要はないが、単独になることは避けるべきである。秋の山は、午後三時くらいから急激に気温が下がってくる。昼食を挟んで採取しても遅くとも午後三時までには宿への帰途につくべきである。

きのこ遺伝資源収集はそれなりの時間と旅費をかけて行うため、「成果を得なければ帰れない」という心理的なプレッシャーが発生する。ただ、これが限度を超すと無理な行動に繋がりやすい。筆者らも積雪や大雨を押して行った経験がある。幸い無事ではあったが、今考えると危険な行動であったと反省している。今回はダメでも次回、今年はダメでも来年と、長い目で考えることが遺伝資源収集にとっては大切である（227ページ写真84）。

食べることを直接的な目的としていないので、採集量は分離・培養や標本づくりに必要な最低限とする。また、採取元の材を傷つけないようにするなど、マナーにも十分に配慮する。

大きなブナの倒木などに大量にナメコなどが発生している場合があるが、腐朽材が同一だからといって、同時に発生している子実体の遺伝的な特性も同一とは限らない[*1]。しかし、一般的な遺伝資源収集としては、あまり細分化して採取してもキリがない。そこで、特に理由のない限り、一定の子実体の株のまとまりごとに、多くても三〜四か所で採取し、採取元である腐朽材内での枝番号を付して菌株管理するのが妥当と考えている。

純粋培養の菌株を得ることを目的とする場合、発生子実体を選択できる十分な量があれば、傘の膜が切れておらず、また虫の侵入のない新鮮で分離・培養できる確率の高い子実体を選択する。限られた子実体しかない場合は、傘が開き、多少の虫の侵入があってもその子実体を採取する。

採集リストの作成

採集日ごとに参加者が集まって現物を確認しながら、採集地域、種名、菌株番号、採集者などを記載したリストを作成する。宿に帰ってから全員が一か所に集まって確認しながら行うと正確性が向上し情報共有もできる。

分離・培養作業

分離・培養作業は、採取した当日のうちに終了させることが原則である。参加者は同一組織の人間でないこともある。分離・培養方法や菌株採取の目的が研究組織によって異なることがあるので、他の組織を頼らず、各組織の考え方を尊重して、同一のサンプルからでも、各組織の責任で、それぞれ分離・培養を試みるのが原則である。また、サンプルを持ち帰って後日に行う方法もあるが、帰れば皆忙しく、後回しになってしまうこともある。分離・培養の機材は、持参または事前に宿に送付しておいて、その日のうちに完結させてしまうことが望ましい（写真85）。したがって、午後の下山は早めにするなど、あらかじめ分離・培養作業の時間までを考慮した日程とすることが必要である。分離・培養作業をしなければ、単なるきのこ採集であって遺伝資源収集にはならない（写真86）。

写真 84　菌株採集
きのこ遺伝資源収集はそれなりの時間と旅費をかけて行うため「成果を得なければ帰れない」という心理的なプレッシャーが発生するが、今年はダメでも来年と、長い目で考えることが遺伝資源収集にとっては大切である。

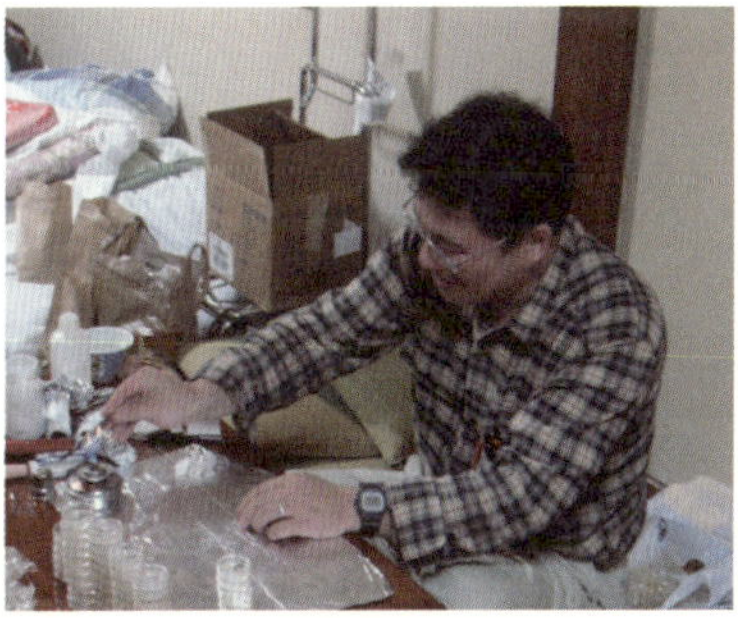

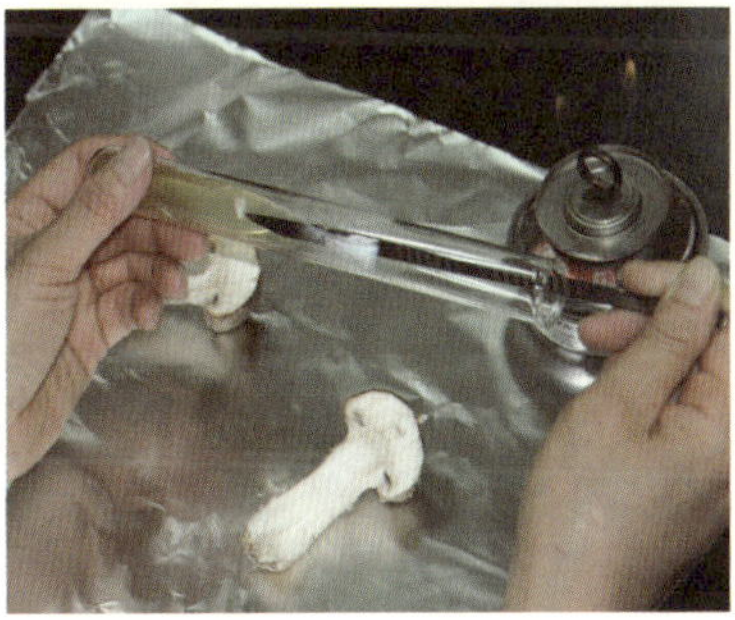

写真 85　分離・培養作業（宿に帰って各自が採取当日中に完了させる）
分離・培養作業は、採取した当日のうちに終了させることが原則である。分離・培養の機材は、持参または事前に宿に送付しておいて、その日のうちに完結させてしまうことが望ましい。

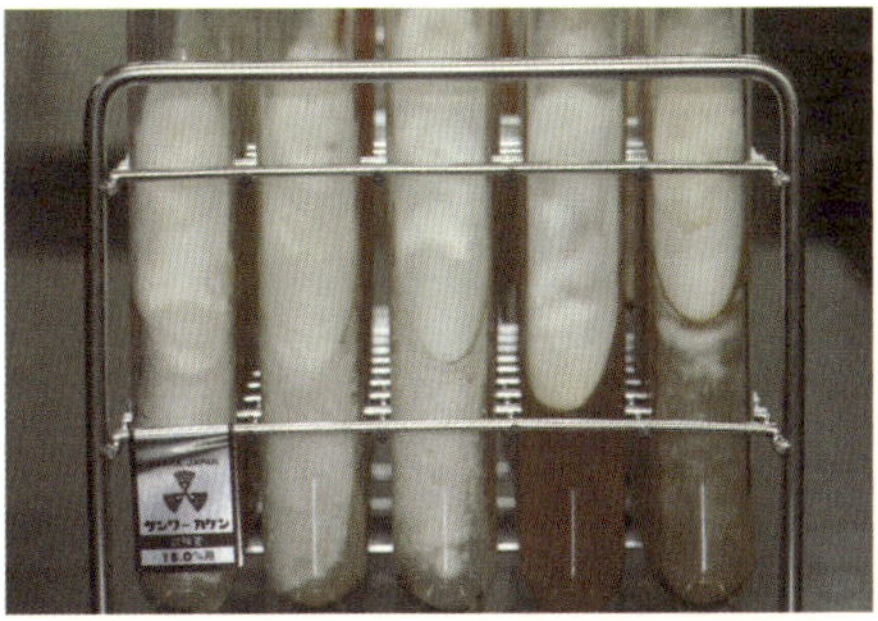

写真 86　分離・培養を完了した菌糸体（菌株）
分離・培養作業をしなければ単なるきのこ採集であって遺伝資源収集にはならないので、午後の下山は早めにするなど、あらかじめ分離・培養作業の時間までを考慮した日程とすることが必要。

後日、分離・培養の結果、純粋培養の成否はリストをつくり、参加者間で共有し必要ならば互いに分譲し合うルールにしておく方がよい。

二泊三日での行程を想定して説明してきた。三日目は、目的を達成していれば、無理をせず帰途にあてる余裕も大切である。目標が達成できていない場合は、無理のない範囲で追加の採集を検討・実施する。また、きのこ関係者の集まりならば、可能な範囲できのこ生産施設や直販所でのきのこ販売状況などを見学して、見聞を広める努力も長い目で考えれば有益である。

2 きのこの分離・培養法

きのこの分離・培養法については、きのこの研究法・菌類研究法の教科書に記載されている。特に新しい方法があるわけではないが、遺伝資源収集として日頃行っている方法を以下に紹介する。

菌株の分離は採取日に行っている。まず、採取した子実体を手で割き、無菌的に医療用メスを用いて組織片を切り出す。これを、抗生物質テトラサイクリン（一ミリリットルあたり五〇マイクログラム）を添加したポテト・デキストロース・寒天（ＰＤＡ）平板培地（径六センチメートル）上に接種し、室温で培養し菌糸体の伸長を促す。約一週間後に菌叢の状態から分離の良否を判断する。続いて、良好な菌叢を示す培養については培養の一部を再度ＰＤＡ斜面培地に接種し、継代培養菌株として保存する。

分離菌株の種の同定は、主に、採種時の子実体の形態的、生態的特徴を基に行っている。また、分離菌株の菌叢、並びに、栽培試験で得られた子実体の形態的特徴も加えて判断している。

3　採取・分離・培養を終えたら——菌株の維持管理

きのこを採取して分離・培養に成功し菌株として確立したら、次にその菌株を維持することが必要になる。菌株の維持・管理方法について具体的な方法をいくつか紹介したい。

菌株の維持といっても、大きくは二つの視点がある。一つは、菌株の生死の視点、ともかくも生きた状態で保存できるかどうか。二つ目は、生死のみでなく、その菌株の子実体形成能、形態、収量、子実体収穫所要日数などの栽培特性まで安定的に維持できるかどうかの視点である。現在のところ、このいずれの視点でも絶対的な方法はないと考えられている。一般的な方法も含めて、これまで行ってきた体験から以下に紹介する。

継代培養法

最も一般的な菌株保存方法である（232ページ写真87）。試験管のＰＤＡなどの培地で菌糸体を植え継いでいく。菌糸体が十分に培地に蔓延したところで、一～三度の冷蔵庫で保存する場合は、二～三年ごとの継代でよいが、常温保存の場合は、どんなに長くても一年ごとに継代する必要がある。培地調製・継代・試験管の洗浄などに、大きな人的な労力を必要とする。

直接凍結維持法

交雑育種法などを用いる栽培きのこの育種では、大量の菌株を扱うため、菌株の維持管理には大きな労力が必要である。栽培特性なども維持できる有望な菌株保存法として凍結保護剤を用いた超低温での凍結保存法が報告されている。しかし、液体窒素などを定期的に補充する必要があり、液体窒素の自動補給システムを備えた大規模な施設でもない限り、選抜後に廃棄する可能性のある菌株までを一時的かつ大量に維持管理する手法としては実用的ではない。そこで、きのこの育種研究やきのこ産業界で役立つ、簡便かつ栽培特性を維持できる菌株保存法が必要になった。凍結保護剤の添加など、一切の処理を行わない超低温槽での凍結維持法を、筆者らも協力して森林総合研究所が中心となり開発した。

●直接凍結維持法の特徴[*2]

この方法は、冷凍庫を使用した凍結保存法の範疇に入るが、次の点で他の凍結法と異なる。また、冷凍温度はマイナス八五度がよいと判断しており、マイナス二〇度は不適当と考えている。

・試料に凍結保護剤を一切添加しない。
・試料の予備凍結を行わない。
・試料の凍結速度に注意を払わない。
・試料の融解速度に注意を払わない。

長所

・試料の形状に特に制限をつける必要がない。
・試料の大きさに特に制限を設ける必要はない。（超低温槽の大きさが制限要因）
・予備凍結および溶解処理に必要なプログラムフリーザーや恒温槽などを必要としない。
・停電など不慮の事故での凍結・融解の影響が小さい。
・簡便性の増加。

短所

・超低温槽が必要である。
・培養の難しい菌株では、菌株の回収率が悪い。

直接凍結維持法の操作手順を表28に、保存状況を写真88に示した（次ページ）。

写真 87　菌株保存庫（継代培養）
最も一般的な菌株保存方法は、試験管の PDA などの培地で菌糸体を植え継いでいく継代培養法である。

表 28　直接凍結維持法の操作手順
この方法は、冷凍庫を使用した凍結保存法の範疇に入るが、いくつかの点で他の凍結法と異なる。冷凍温度は −85°Cがよいと考えている。

凍結試料の形状	凍結処理	融解処理
1．平板培養 2．斜面培養 3．鋸屑培養 4．子実体 5．培養種菌など	① 菌糸体を培養した新鮮な培養基または子実体をナイロン袋などに入れて密封する。 ② その状態で直接、超低温槽（-85°C）で凍結を行う。 ③ その後は、そのまま放置、維持する。	① 試料の入った密封容器を超低温槽から取り出し、室温に放置する。 ② 全体が室温になるまで待つ。 ③ 室温に戻した後、密封容器表面に付着している水滴をティッシュペーパーなどで拭き取り、密封容器から試料を取り出す。 ④ 試料の一部を適当な培養基上に接種して培養を行い、菌株の回収を行う。

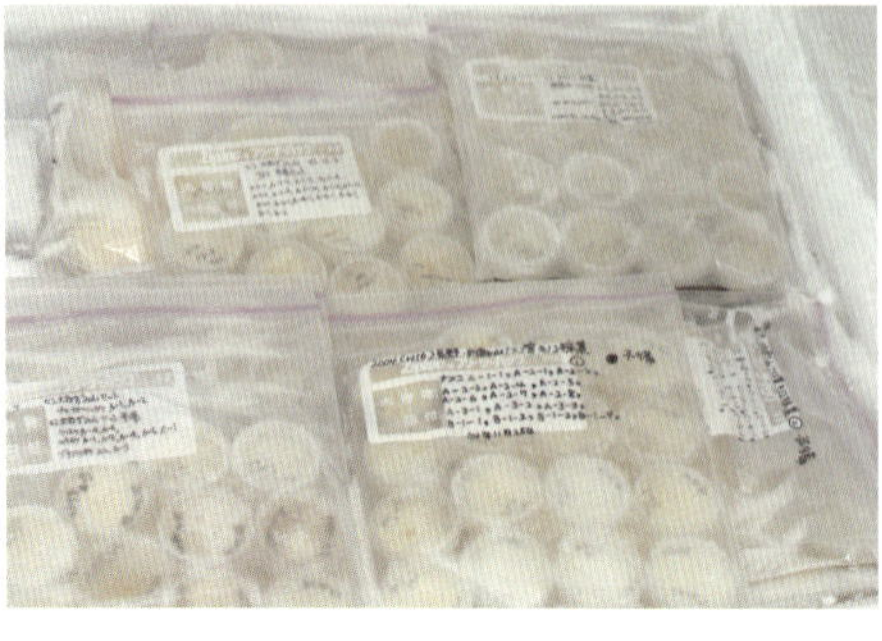

写真 88　直接凍結維持法（− 85°C）による菌株保存

木質資源を利用したきのこ遺伝資源の維持管理方法

きのこ新品目の開発は、一般的には導入育種法（野生の優れた系統を分離育成する方法）により、以下の手順で行われる。第一段階は、野生きのこを採取して菌を分離・培養し、保存菌株を作製する遺伝資源の収集、第二段階は、保存菌株から種菌を製造して行う栽培試験、第三段階は、栽培試験の結果を基にした優良菌株の選抜、である。

このような、きのこの品種開発過程では、菌株保存中に特性が維持されていることが重要である。菌株保存中に特性が変化してしまうと、一連の手順による選抜結果の精度が低下するからである。そこで、菌株の維持管理方法について、さまざまな技術開発がこれまで進められてきたが、現在のところ決め手となる確実な技術の確立には至っていない。しかし、その効率性と利便性から、前記の寒天培地による継代培養法が、通常は用いられている。

このような現状において、寒天培地による継代培養で栽培特性が劣化する現象がしばしば見られる。長野県林業総合センターでも、菌床クリタケ栽培技術の開発を行う中で、寒天培地で継代した菌株を使用すると菌糸体伸長および子実体形成能力が劣化する現象が見受けられた。

栽培に適しているきのこの多くは、木材腐朽菌の腐生性きのこで、自然集団は森林内の倒木・切り株などの木質成分中に生育している。これらは、木材腐朽菌の中でも白色腐朽菌と言われ、木材の主要成分であるリグニン、セルロース、ヘミセルロースの難分解性物質を分解・吸収することができる。しかし、栽培特性に優れた菌でも、寒天培地での保存中に特性が劣化するのは、栄養素を吸収しやすい条件で長く生育することにより、その菌が本来もっている分解能力を次第に低下させるためと推察できる。

一方、きのこ生産関係者の間では、生産現場で発生した優良子実体から再分離した菌を種にすることで、劣化した形状や収量が回復できるとする体験談がしばしば述べられている。すなわち、原木栽培や菌床栽培で木質成分を用いて菌糸を培養して栽培し、発生した子実体から再分離することが劣化した菌株の回復方法となるとする技術である。これは寒天培地ではなく木質成分利用の有効性を示唆している。

そこで、菌株保存にきのこが本来生育している木質成分を利用することの有効性および子実体からの再分離による菌株の維持管理技術の実証を、二〇一三〜一五年度に長野県林業総合センターと長野県農村工業研究所が共同して行った。これらの試験の概要を紹介する。

●子実体からの再分離による特性回復

まず、子実体からの再分離による特性回復の有効性を検討するため、クリタケ子実体からの再分離株と寒天培地継代株の栽培特性を比較した。栽培試験の手順と寒天培地での継代経過をそれぞれ図52および表29に示した。また、栽培試験の結果を表30および写真89（236ページ）に示した。

継代は、寒天培地に培養した菌糸体を年一回程度の頻度で新たな寒天培地に植え継いで菌株を維持していく方法である。この実証試験では、表29に示したように、長年にわたり寒天培地で継代した菌株と

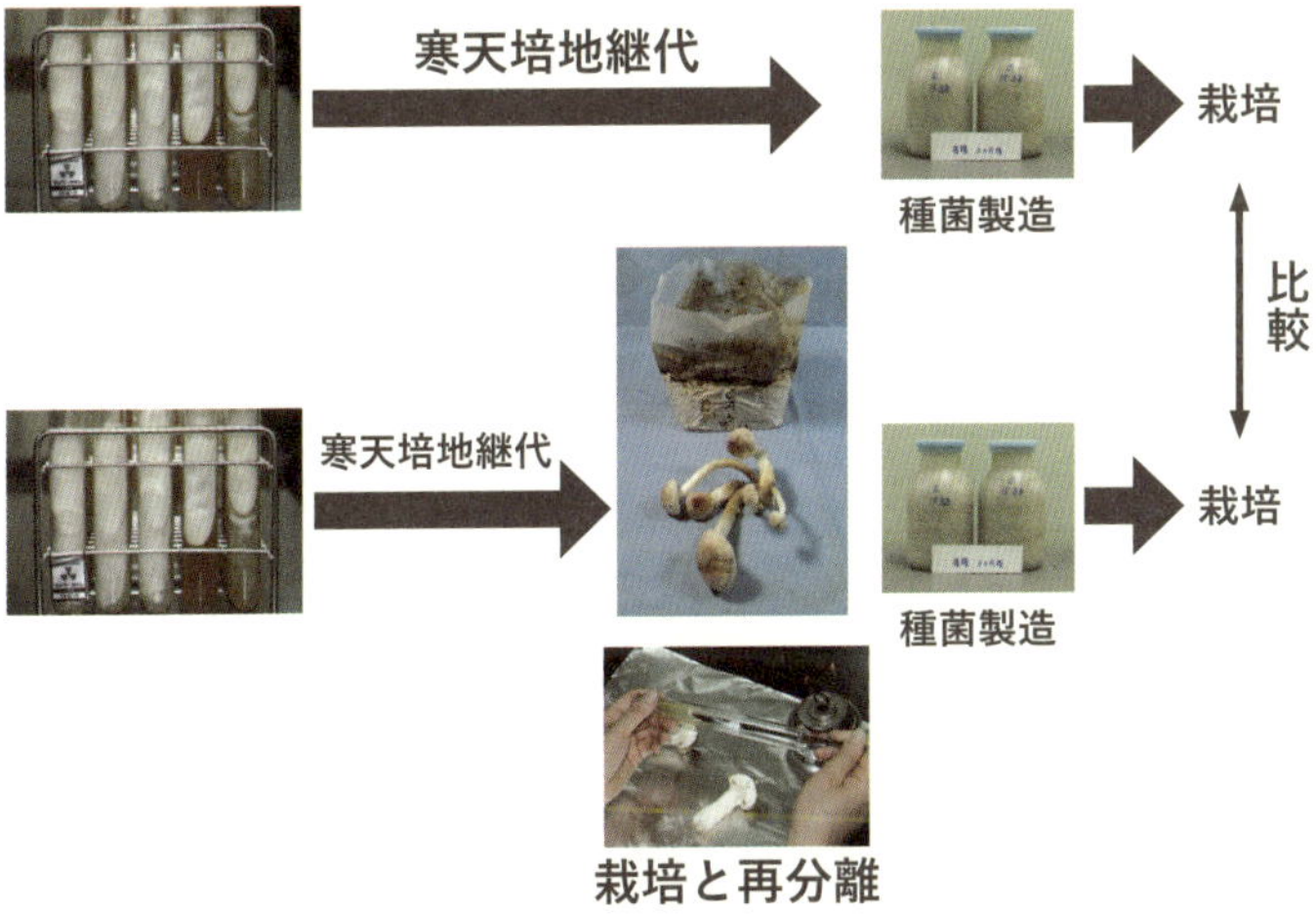

図 52　栽培までの手順（再分離株と寒天培地継代株比較栽培試験）
長年にわたり寒天培地で継代した菌株と再分離株（栽培によって得られた子実体から再分離した菌糸体）を栽培することによって特性を比較した。すると、再分離した菌株の方が、寒天培地継代株に比べて、収穫個数、収量が増大し、収穫所要日数（発生処理後に収穫までに要する日数）が短くなるなど、栽培特性の向上が確認された。

表 29　寒天培地継代株の継代経過

菌株名	採集地	採集後の分離日	継代回数
O-1538	長野県飯田市	1994.10.8	18 回
O-2107	長野県山ノ内町	2002.10.2	9 回
O-2421	新潟県胎内市	2006.11.1	6 回
O-C	長野県佐久町	1987.10.11	20 回

表 30　クリタケ菌床栽培による再分離株と寒天培地継代株との栽培特性の比較（発生処理後 126 日間）

系統	処理記号	使用菌株	個数（個 / 袋）	標準偏差	収量（g/ 袋）	標準偏差	発生処理後収穫所要日数	平均発生処理後収穫所要日数
1538	R	再分離株	38.0	14.1	70.4	20.9	25	33.2
	O	継代株	5.6	7.9	14.4	20.5	39	56.0
2107	R	再分離株	31.2	20.2	52.2	19.6	31	38.8
	O	継代株	17.8	18.3	30.3	26.9	35	51.5
2421	R	再分離株	74.2	20.7	120.6	17.7	30	32.7
	O	継代株	46.0	12.3	85.1	23.7	26	34.7
C	R	再分離株	2.6	6.7	12.6	24.2	47	80.0
	O	継代株	2.1	3.9	13.9	20.7	53	79.6

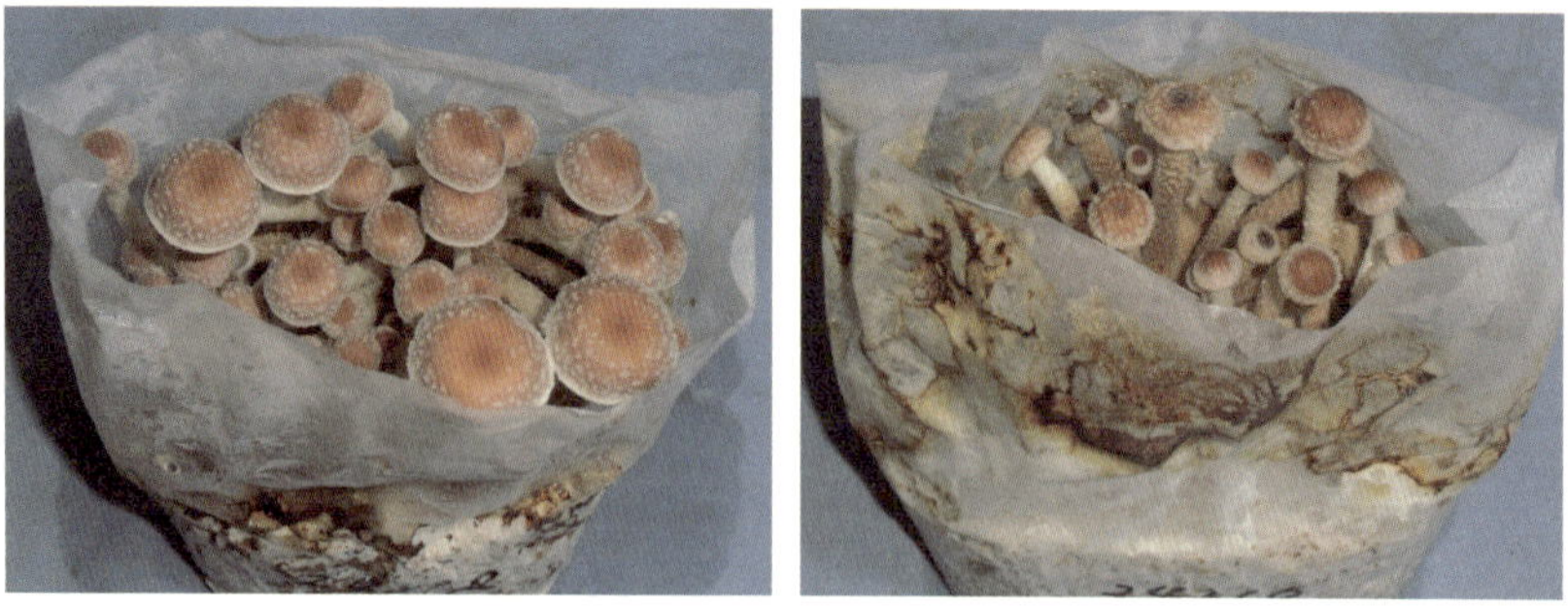

写真 89　子実体の発生状況（左：R-2421〔再分離株〕、右：O-2421〔寒天培地継代株〕）

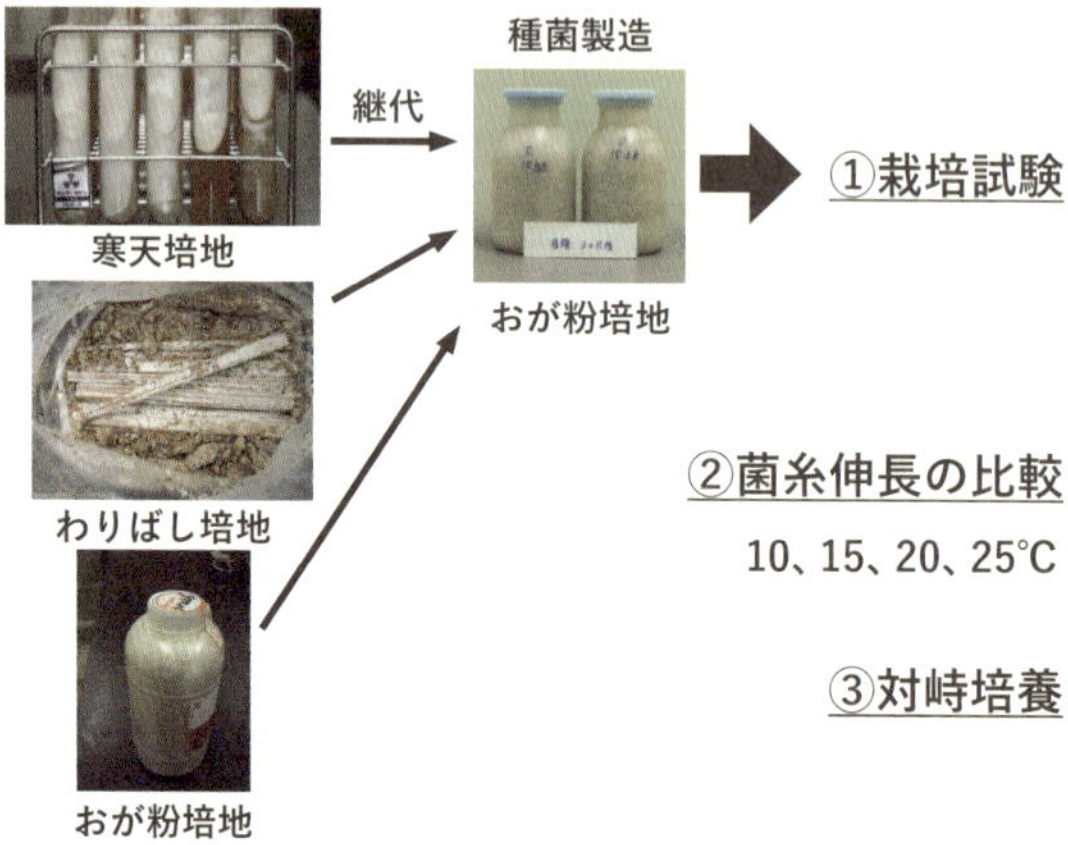

図 53　再分離株の保存方法による栽培特性比較試験（試験手順）
特性の回復した再分離株について「寒天培地」、木質資源を利用した「わりばし培地」および「菌床培地」の 3 種類の培地を用いて継代し、継代 1 年後、継代 2 年後に、それぞれ栽培試験、温度別菌糸体伸長量測定、培養菌糸体の対峙培養を行い、特性の比較を行った。その結果、継代 1 年後では栽培特性、菌糸体伸長量、対峙培養による帯線形成状況について、3 種類の保存方法の間に大きな変化は発生しなかった。しかし、継代 2 年後になると、「寒天培地」と木質資源を利用した「わりばし培地」および「菌床培地」の間に栽培特性の差が見られ、寒天継代株の収穫個数および収量の低下傾向、発生処理から収穫可能日までの日数の増加傾向が現れた。

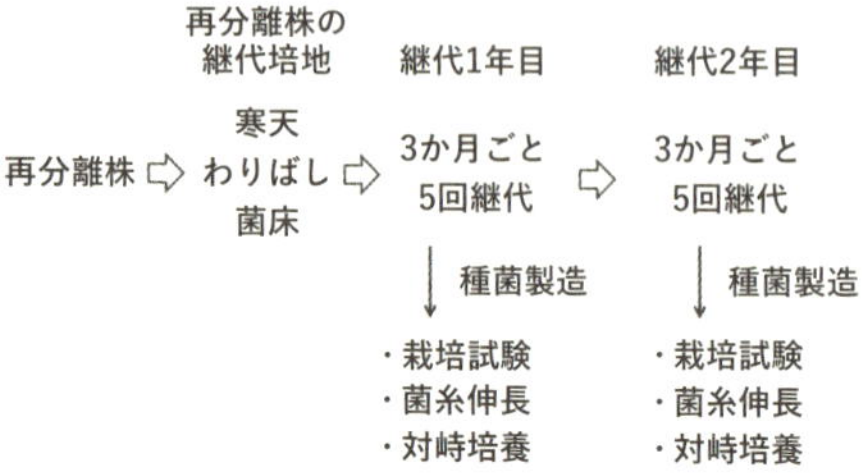

図 54　再分離株の保存方法による栽培特性比較試験（継代経過）

再分離株（栽培によって得られた子実体から再分離した菌糸体）を栽培することによって特性を比較した。すると、再分離した菌株の方が、寒天培地継代株に比べて、収穫個数、収量が増大し、収穫所要日数（発生処理後に収穫までに要する日数）が短くなるなど、栽培特性の向上が確認された。

●再分離株の保存方法と栽培特性

次に、再分離株の保存に際しても、寒天培地での保存方法と木質資源である「わりばし」や「おが粉」を用いた培地での保存方法との栽培特性の関係を調べた。試験の手順を図53に、菌株の継代経過を図54に示した。継代一年後の結果を表31に、継代二年後の結果を表32および写真90に示した（次ページ）。

特性の回復した再分離株について「寒天培地」、木質資源を利用した「わりばし培地」および「菌床培地」の三種類の培地を用いて継代し、継代一年後、継代二年後に、それぞれ栽培試験、温度別菌糸体伸長量測定、培養菌糸体の対峙培養を行い、特性の比較を行った。その結果、継代一年後では栽培特性、菌糸体伸長量、対峙培養による帯線形成状況について、三種類の保存方法の間に大きな変化は発生しなかった。しかし、継代二年後になると、「寒天培地」と木質資源を利用した「わりばし培地」および「菌床培地」の間に栽培特性の差がみられ、寒天継代株の収穫個数および収量の低下傾向、発生処理から収穫可能日までの日数の増加傾向が現れた。

以上の結果から、再分離株の保存培地への木質資源利用の有効性を認めることができた。本研究では、

表 31　種菌の継代方法によるクリタケ菌床栽培特性の比較（継代 1 年後：発生処理後 126 日間）

系統	使用菌株	個数（個 / 袋）	標準偏差	収量（g/ 袋）	標準偏差	発生処理後収穫所要日数	平均発生処理後収穫所要日数
R1538	寒天継代（A）	44.8	35.9	100.6	76.7	44	51.5
	わりばし継代（W）	58.1	37.2	85.1	49.5	44	50.9
	菌床継代（K）	45.9	23.4	79.8	43.5	44	59.8
R2107	寒天継代（A）	31.6	19.2	73.8	33.9	44	56.6
	わりばし継代（W）	33.2	24.3	67.4	42.6	44	57.9
	菌床継代（K）	34.5	15.7	77.2	31.8	44	50.6
R2421	寒天継代（A）	108.9	40.0	139.5	22.5	44	45.6
	わりばし継代（W）	102.1	39.0	144.4	40.2	39	45.3
	菌床継代（K）	94.9	27.9	139.6	36.1	40	43.1
RC	寒天継代（A）	18.6	8.6	124.2	35.1	45	80.3
	わりばし継代（W）	10.4	10.2	94.5	58.7	76	91.9
	菌床継代（K）	25.1	14.1	137.7	49.8	63	75.6

A：寒天培地、W：わりばし培地、K：菌床（おが粉培地）

表 32　種菌の継代方法によるクリタケ菌床栽培特性の比較（継代 2 年後：発生処理後 128 日間）

系統	使用菌株	個数（個 / 袋）	標準偏差	収量（g/ 袋）	標準偏差	発生処理後収穫所要日数
R1538	寒天継代（A）	14.7	22.3	23.0	28.2	32
	わりばし継代（W）	10.1	21.4	13.4	27.6	31
	菌床継代（K）	7.8	15.4	11.9	23.9	32
R2107	寒天継代（A）	32.8	13.6	78.6	31.9	34
	わりばし継代（W）	47.5	19.3	115.3	33.0	39
	菌床継代（K）	44.9	20.1	123.9	43.7	34
R2421	寒天継代（A）	69.4	30.1	136.7	20.8	31
	わりばし継代（W）	111.1	40.8	159.8	28.0	31
	菌床継代（K）	106.8	25.4	170.1	18.1	33
RC	寒天継代（A）	0.6	0.7	12.2	15.6	69
	わりばし継代（W）	2.3	4.2	33.3	53.5	31
	菌床継代（K）	0.5	1.1	5.4	13.1	84

A：寒天培地、W：わりばし培地、K：菌床（おが粉培地）

写真 90　子実体の発生状況（継代 2 年後）
左：R2421A（寒天）、中：R2421W（わりばし）、右：R2421K（菌床）。

実用に即した栽培試験を中心にして実証試験を実施して結果を考察した。しかし、あくまでも現象のみを追った結果であり、再分離による特性回復のメカニズムや原因の解明は今後の課題としたい。

4 ピンチはチャンス？ ナメコ発生不良現象の原因と対策

原木栽培で始まったナメコ生産も林間などを利用した季節的な菌床栽培を経て、やがて空調施設や自動式機械を用いた周年の菌床栽培が主体となった。その頃には、培養期間と発生処理後収穫までの期間が短く、さらに一番収穫に集中発生する極早生品種が開発された。その結果、生産の効率化によって生産量が飛躍的に増大した。しかし、一方で極早生品種を用いるようになってから、しばしば発生不良現象が起きるようになった。発生不良現象の特徴は、順調に行っていた栽培が、害菌による汚染がないのに、ある時から急にきのこの発生量が減少することである。

図55（次ページ）に示したのは、現場で子実体発生不良が起こった際に分離・培養した発生不良株二菌株と正常菌株による比較栽培試験結果である。この結果から以下のことがわかった。最終収量は正常株も発生不良株もほぼ同様になるが、最も異なるのは、一番収量と発生処理後収穫までに要する所要日数である。また、ナメコ生産では、中小規模生産者では通常二番収穫まで行う例が多いが、この時点で収量を判断すると、正常株に比較して発生不良株は大幅に収量減となっている。図55に示したAは正常

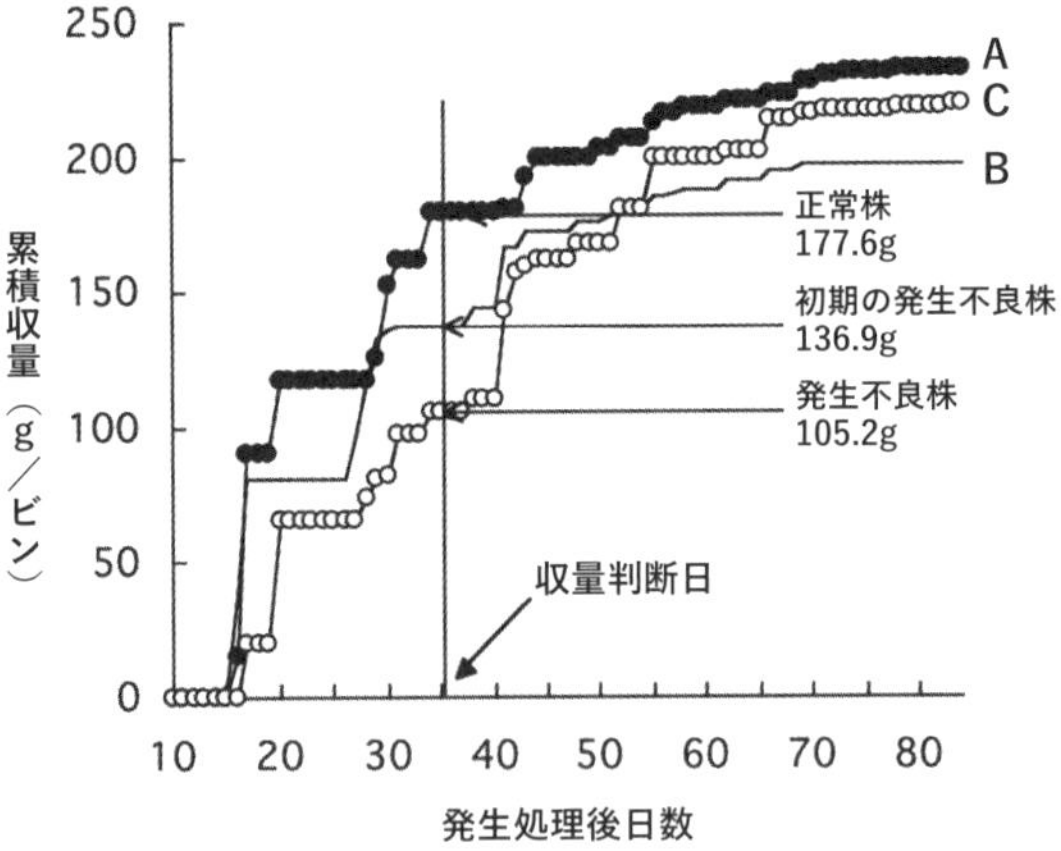

図 55　ナメコ子実体発生の経時的変化（馬場崎・増野〔2002〕＊3）
培養期間と発生処理後収穫までの期間が短く、さらに一番収穫に集中発生する極早生品種の開発によって生産効率がよくなり生産量が飛躍的に増大したが、しばしば発生不良現象も起きるようになった。最終収量は正常株も発生不良株もほぼ同様になるが、収穫までに要する日数と一番収量が異なっている。

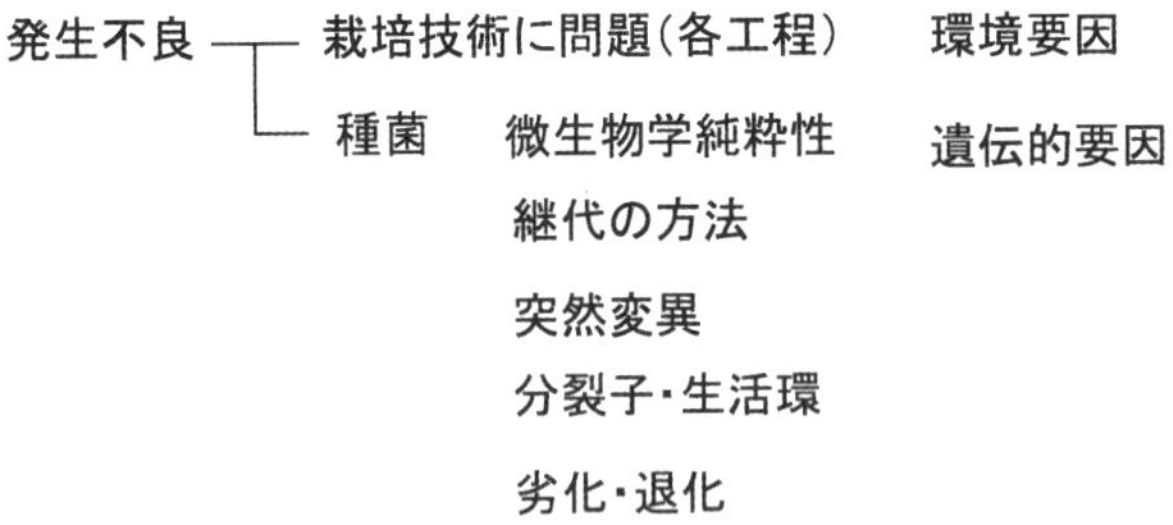

図 56　ナメコ空調施設栽培における発生不良の要因
生産の現場で発生不良が起こった場合、明らかな害菌による汚染などでない限り種菌の「変異」が疑われることも多いが、発生不良の原因は栽培技術などの環境要因と種菌に起因する遺伝的要因に分けて考える必要がある。

株、Bは初期の発生不良株、Cは発生不良株として生産現場では判断される。
これらの結果から、ナメコ空調施設栽培における発生不良現象（初期）の特徴は、以下の三つである。

- 原基形成の遅れ
- 一番収量の減少
- 発生周期の栽培ビン間でのばらつきの増大

生産の現場で発生不良が起こった場合、明らかな害菌による汚染などでない限り、種菌の「変異」が疑われることも多い。しかし、発生不良の原因は、図56に示したように、栽培技術などの環境要因と種菌に起因する遺伝的要因に分けて考える必要がある。

ナメコの菌糸伸長量が最大になる温度は二五度付近である。しかし、実際の空調施設栽培で培養を二五度で行うと図57（次ページ）に示したように、原基形成の遅れ、一番収量の減少、など、発生不良現象の初期段階と同じ現象が現れる。また、次に図58・59に示したように、培地に用いる栄養材の種類や組成によっても原基形成に要する日数、一番収量などは異なってくる。このように、栽培技術に起因する環境要因によっても発生不良は引き起こされる。特に極早生品種は高温の影響を受けやすく、高温障害による発生不良を起こしやすい。

これらの紹介した試験結果で、ナメコ空調施設栽培における発生不良現象の原因として、培養温度や培地組成などの環境要因が大きく関与していることを明らかにした。これらを踏まえた上で、発生不良

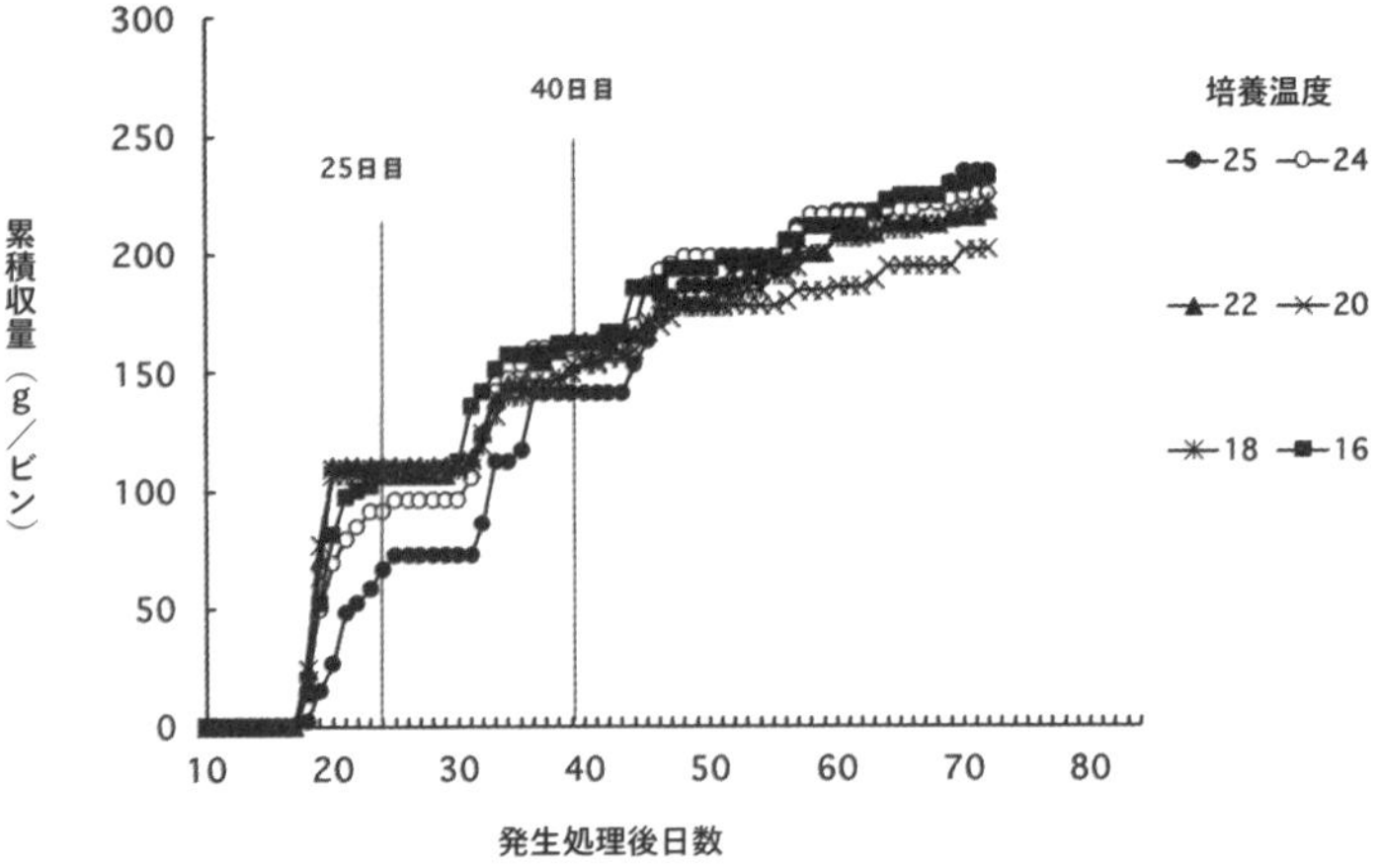

図 57　培養温度と子実体発生経過（ナメコ）

ナメコの菌糸伸長量が最大になる温度は 25°C付近であるが、実際の空調施設栽培で培養を 25°Cで行うと原基形成の遅れ、一番収量の減少など、発生不良現象の初期段階と同じ現象が現れる。

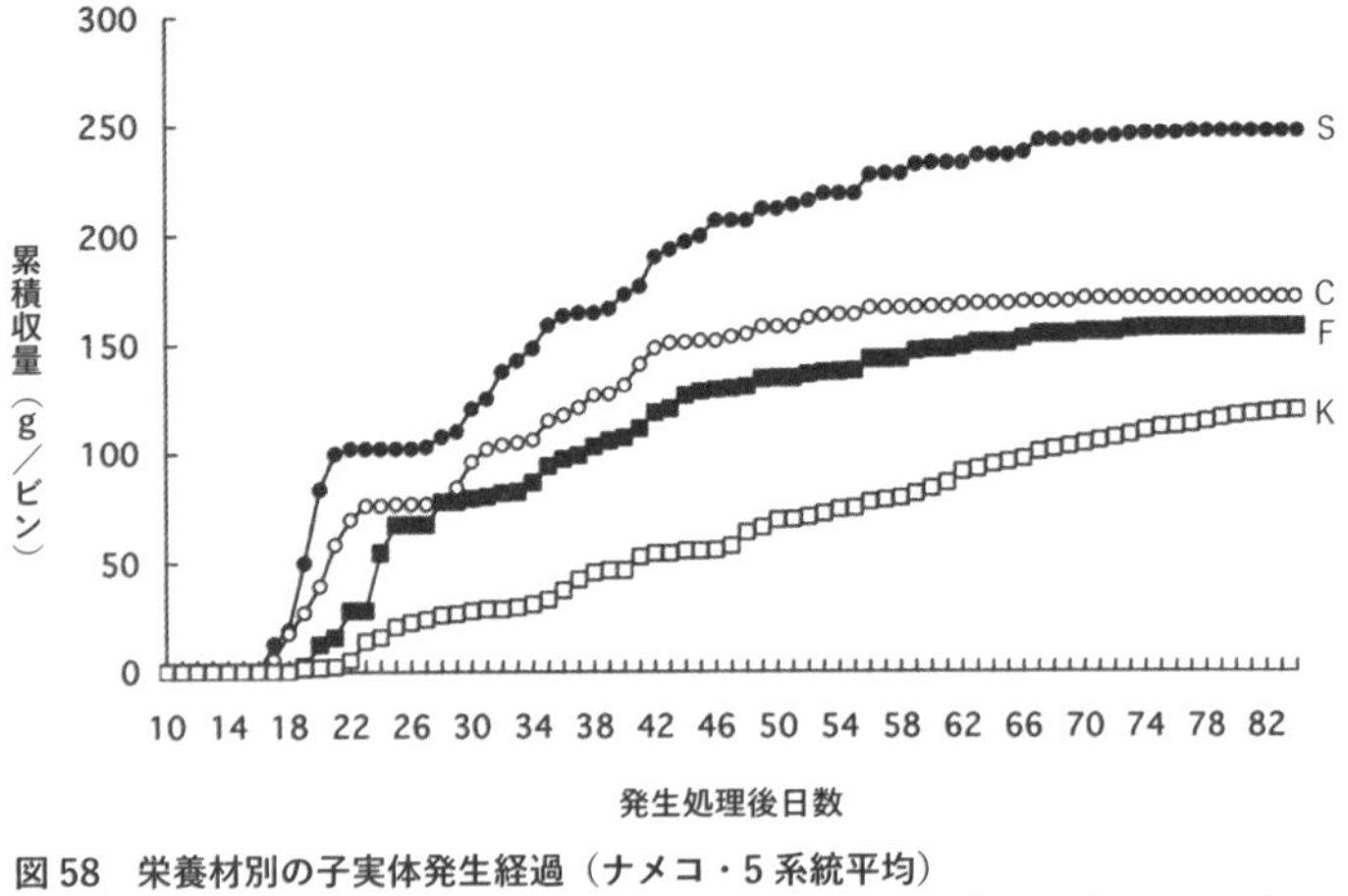

図 58　栄養材別の子実体発生経過（ナメコ・5 系統平均）

菌株：ナメコ空調施設栽培用極早生品種 5 系統（307、310〔林業総合センター〕、A、B、C〔市販〕）。

栽培方法：培養：20°C 60 日間、発生温度：15°C、培地組成：ブナおが粉・栄養材 =10：2（容積比）。

含水率：65%、培地重量 600g、1 区 20 本。

栄養材：S：スーパーブラン、C：コーンブラン、F：フスマ、K：コメヌカ。

――培地に用いる栄養材の種類など、栽培技術に起因する環境要因によっても発生不良は引き起こされる。特に極早生品種は高温の影響を受けやすく、高温障害による発生不良を起こしやすい。

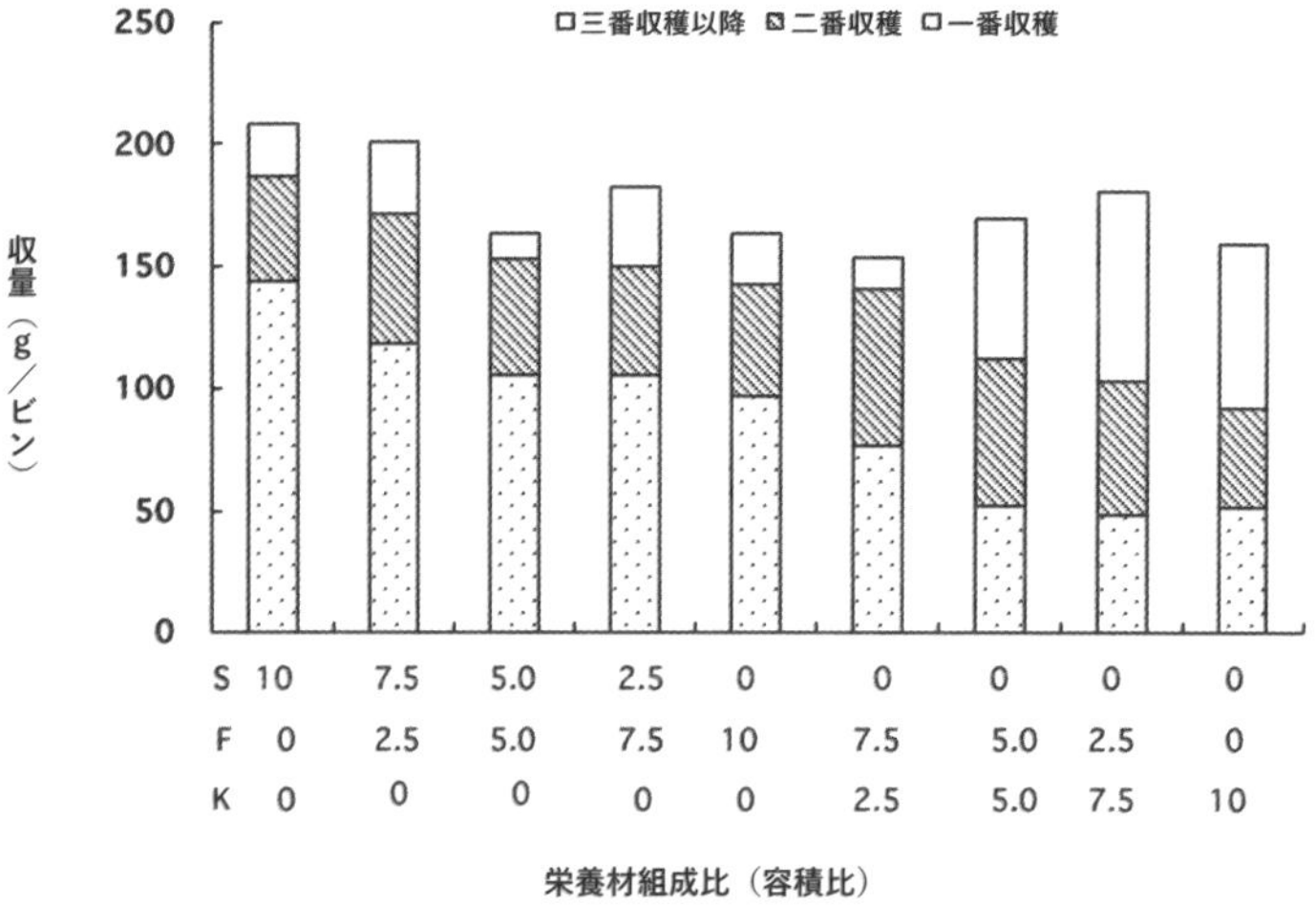

図 59　栄養材組成比と発生特性（ナメコ）
菌株：空調施設栽培用極早生品種 A
栄養剤：S：スーパーブラン、F：フスマ、K：コメヌカ。
培地組成：ブナ・栄養材 =5：1（容積比）、600g ／ビン、6 ビン／区。
培養温度：22℃、発生条件：温度 15℃、湿度 95％以上。

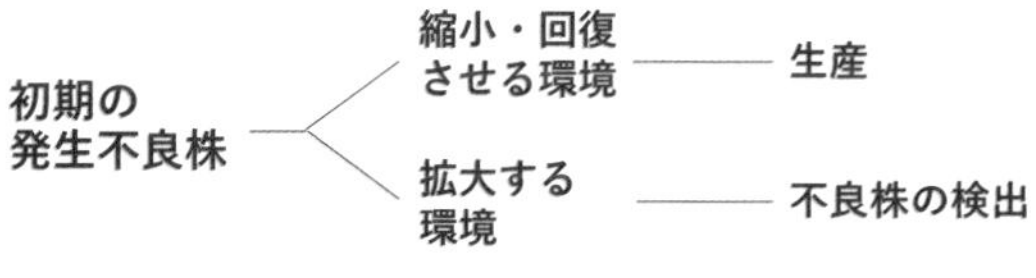

図 60　発生不良による被害を最小にする対策
もし種菌による変異などによる発生不良株を用いてしまっても、適切な培養温度や適正な培地組成を用いることによって、発生不良を回避することができる。

を回避する対策としては、図60（前ページ）に示したように、もし種菌による変異などによる発生不良株を用いてしまっても、適切な培養温度や適正な培地組成を用いることによって、被害を最小にすることである。

また、逆手に取れば、発生不良の現れやすい培養温度や培地組成を用いることによって、わずかな遺伝的な変異を事前に検出できるということになる。たとえば、培養中の高温が発生不良の原因になりやすいとすると、高温培養によって初期段階の遺伝的発生不良株の障害をはっきりと検出できる。これによって、早期に遺伝的な発生不良株を排除して被害を最小限にすることが可能になる。培地組成の観点からは、培養期間が短くて、原基形成も速やかに行うことのできるトウモロコシヌカなどの代わりに、コメヌカ単体などの単純な培地組成で栽培を行えば、トウモロコシヌカでは微妙で検出できない遺伝的な初期の発生不良株が、早く検出できることになる。

遺伝的な発生不良株の検出のため、ＤＮＡ解析、菌体外酵素活性の解析など、さまざまな方法が考案されているが、栽培技術を基にした被害回避法として実用に即したものと考えている。

おわりに

ここまで本書をお読みいただいたことにまずもって感謝したい。

原木シイタケ栽培などで森林を利用して始まったきのこ栽培も、現在では空調施設を用いた菌床栽培が主体となった。その結果、きのこは工場で生産される商品となり、森林とは遠い存在になりつつある。さらに、生産が効率化されたわりに国内消費量が伸びないため全体として過剰生産となり、再生産が困難なほどに単価が下落した。

このような現状で、きのこ栽培を地域の産業として持続していくために、どうしたらよいのか考えてきた。こうすれば必ずよくなるという答えはいまだにないが、私なりに体当たりで試してきたことを紹介・提案して、後に続く人々の参考になればと本書を手がけた。

現在、生産されているきのこの規格は、流通・販売の効率性を考慮して画一化されすぎている。森のきのこはもっと多様なものだ。森の資源をもう一度見直し、大規模なきのこ生産者だけでなく、中小規模の生産者も含めて、多様なきのこ生産方法を見出し、それぞれの持ち場を築いてほしいと願っている。

そのために私なりにもがいた結果を以下の順に示したのが本書である。

第1章では、現在のきのこ生産の現状を述べた上で、目指すべき方向性について記述した。第2章では、森林から収集したきのこの遺伝資源とそれらを活用した多様なきのこ栽培技術を紹介した。第3章では、きのこの消費拡大のため、おいしいきのこ生産を目指した取組から「ナメコの味の見える化」を中心に研究例を示した。第4章では、「里山を宝の山」にするために、きのこを活用した里山再生技術について提案した。第5章では、山のきのこを地域で流通させるため、里山を活用したきのこ栽培技術の経営収支計算例を示した。第6章では、きのこの世界に大きな変革をもたらすヒントに満ちていると考え、きのこが大好きでたまらない人々の活動やきのこの楽しみ方について紹介した。第7章では、森林からの遺伝資源収集方法、菌株の維持管理方法、発生不良の回避法などの技術を具体的に紹介・解説した。

ここで紹介・提案した技術については、できうる限り実証試験例を提示したつもりである。ただし、きのこの栽培試験結果などを重視して現象を追ったものも多い。どうしてそうなるのか、その因果関係の解明まで十分及んでいない点もあるかもしれない。この点も含め、後に続く人々に委ねたいが、機会があれば自分でもさらに追求していきたいと考える。

また、本書で扱ったきのこに、我が国を代表するシイタケやマツタケについての記述は少ない。これらのきのこについて筆者は研究のお手伝いをしたことはあるが、主担当として行ったことがないためである。これらについては、成書あるいは今後に出される本をお読みいただきたい。本書は今の自分にできる限りでの断片集である。

本書の執筆依頼を築地書館社長の土井二郎氏から頂戴した時、「文章にゴツゴツしたところが多少あってもよいが、筆者の体験が読者に伝わるようにしてほしい」と言われた。文章のゴツゴツ感はその通りとなったが、十分に伝わる内容になったであろうかと自問してみると、自信はない。しかし、許された時間と私の能力の中では、精一杯の内容である。また、私なりの経験を通して書いたつもりであるが、紹介した内容のほとんどは多くの皆様の協力と支えがあってのものである。謹んで関係各位に深く感謝したい。

最後になったが、本書を企画し構成について重要な示唆を頂戴した築地書館・土井二郎社長、さらに、読みにくい文章をすみずみまで読んでいただき、適切な助言をいただいた同編集制作部の髙橋芽衣さんに、改めて厚く御礼を申し上げる。

二〇二四年五月末日　長野県塩尻市の自宅にて　増野　和彦

きのこ』日本きのこマイスター協会　vol. 18：p. 17-18
＊2　馬場崎勝彦・増野和彦・本間広之（1999）「I．栽培きのこ菌株の直接凍結維持法」『微生物遺伝資源マニュアル（5）：栽培きのこ菌株の直接凍結維持法及びDNA判別法』農業生物資源研究所　p. 3-20
＊3　馬場崎勝彦・増野和彦（2002）「栽培きのこの変異発生機構の解明と変異回避法の開発」『農業および園芸』養賢堂　77巻 p. 28-38

＊4　池崎秀和（2013）前掲書

第4章
＊1　玉田克志（2007）「ムラサキシメジ人工栽培技術の開発」『公立林業試験研究機関　研究成果選集』林野庁監修・（独）森林総合研究所編集・発行　No. 4：p. 45-46
＊2　増野和彦・福田正樹・西澤賢一・吉村智之・細川奈美・伊藤 淳・山本郁勇・市川正道・高木 茂・竹内嘉江（2009）「里山を活用したきのこの栽培及び増殖システムの開発」長野県林業総合センター研究報告 23 号：p. 81-126
＊3　増野和彦・福田正樹・山田明義・市川正道・古川 仁・片桐一弘（2016）「地域バイオマス利用によるきのこの増殖と森林空間の活性化技術の開発」長野県林業総合センター研究報告 30 号　p. 47-86

第5章
＊1　森林総合研究所（2011）「関東・中部地域で林地生産を目指す特用林産物の安定生産技術マニュアル」

第6章
＊1　森産業株式会社（2023）『Dr. MORI 商品カタログ』
＊2　樋口和智（2019）『部屋で楽しむきのこリウムの世界』家の光協会
＊3　「見る！食べる！愛でる！」フクオカきのこ大祭公式サイト（http://kinokotaisai.net/template.html）参照：2024-09-06
＊4　「きのこ大祭とは」ヨコハマきのこ大祭公式サイト（https://kinoko.yokohama/#whats）参照：2024-09-06
＊5　「自己紹介」ナガノきのこ大祭公式 Facebook ページ（https://www.facebook.com/naganokinoko/）参照：2024-09-06
＊6　「自己紹介」イワテきのこ大祭実行委員会公式 Facebook ページ（https://www.facebook.com/kinoko.taisai.iwate/）参照：2024-09-06
＊7　「菌山街道とは」菌山街道実行委員会公式ホームページ（http://kinzankaido.html.xdomain.jp/information.html）参照：2024-09-24
＊8　「きのこアドバイザー研修受講者　募集案内　令和6年度（第18回）」日本特用林産振興会（https://nittokusin.jp/nittokusin/wp-content/uploads/2024/07/R6_boshu.pdf）参照：2024-09-06
＊9　ホクトきのこ総合研究所監修（2016）『きのこ検定公式テキスト　改訂版』実業之日本社

第7章
＊1　福田正樹（2015）「木材腐朽性きのこの個体群テリトリーと種内競争」『季刊

参考文献・資料

はじめに

＊1　増田明美（2022）『調べて、伝えて、近づいて：思いを届けるレッスン』中央公論新社

第1章

＊1　林野庁（2020）「令和元年　特用林産基礎資料（特用林産物生産統計調査　結果報告書）」

＊2　一般社団法人日本きのこマイスター協会『季刊　きのこ』vol. 18-41

＊3　古川久彦（2006）「食用きのこの理想像」『きのこアドバイザー』日本特用林産振興会　第9号 p. 17-20

＊4　池崎秀和（2013）「味覚センサーによる味の見える化と味の最適化」『季刊　農工研通信』一般社団法人長野県農村工業研究所　№ 166：p. 2-9

＊5　藻谷浩介・NHK 広島取材班（2013）「里山資本主義：日本経済は『安心の原理』で動く」角川書店

第2章

＊1　庄司 当（1975）『ナメコのつくり方：原木栽培・オガクズ栽培』（第15版）農山漁村文化協会

＊2　河岸洋和（2018）「きのこが産生する生体機能性物質に関する研究」『日本きのこ学会誌』日本きのこ学会　25(4)：p. 122-128

＊3　長野県林務部（2001）『ヤマブシタケ栽培マニュアル』

＊4　久保産業有限会社（2022）会社案内パンフレット

＊5　全国食用きのこ種菌協会（2023）「きのこ種菌一覧／2024年版」

第3章

＊1　「政府統計の総合窓口 (e-Stat)」特用林産物生産統計調査（林野庁）「しいたけ以外のきのこ―なめこ―生産量（合計）」（調査年月：2022年）参照：2024-09-05

＊2　角 直樹（2019）『おいしさの見える化：風味を伝えるマーケティング力』幸書房　p. 10-11

＊3　増野和彦・城石雅弘・中村美晴・古川 仁（2020）「『美味しさ』に着目したきのこ栽培技術の開発：ナメコの味の数値化」長野県林業総合センター研究報告　第34号：p. 81-94

【ラ・ワ行】

【マ行】

【ヤ行】

【ナ行】

【タ行】

【サ行】

索引

根状菌糸束（179 ページ）

菌糸が一方向に植物の根のように束となった状態。地下や樹皮下で形成されることが多い。

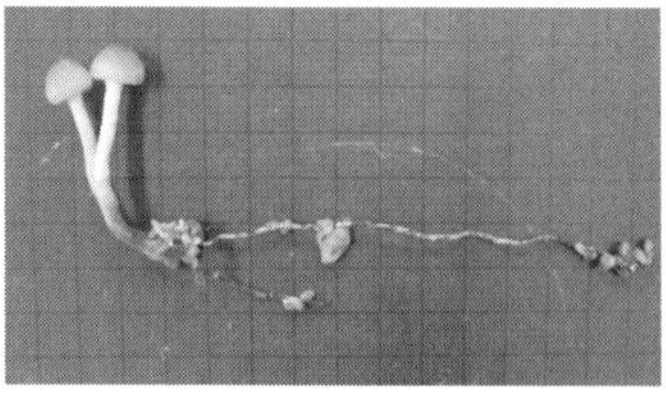

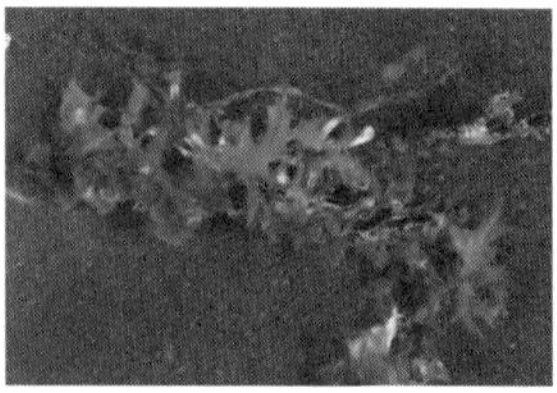

クリタケの根状菌糸束

（左：根状菌糸束とその先端から発生した子実体、右：太く発達した根状菌糸束の実体顕微鏡写真）

対峙培養試験（179 ページ）

２種類の菌を１つの培地上に植え、両者の反応をみる実験。品種識別に用いられ、品種が異なれば明確な帯線を形成する。一般的に、２種類の菌糸体の品種が異なる場合には、両菌糸体の間に明確に帯線が形成されたり、反発し合う状態が観察される。写真は、長野県林業総合センター保存野生株ヤマブシタケ Y1 と Y6 の対峙培養の状況。

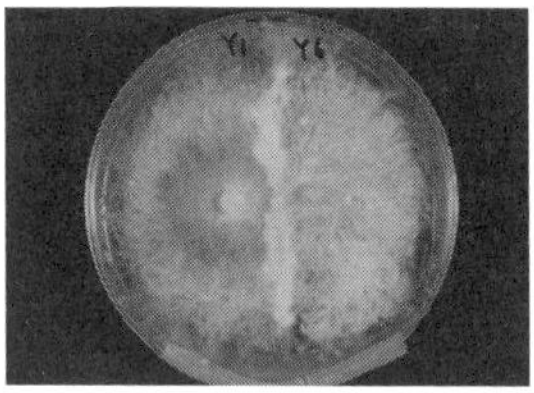

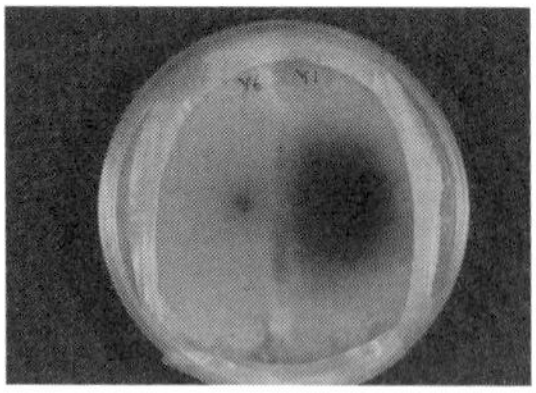

対峙培養と帯線形成（左：表面、右：裏面）

RAPD 分析（179 ページ）

RAPD（Random Amplified Polymorphic DNA）法は、操作が簡単で迅速な検査ができることから、品種識別に使用されている DNA 解析法。

交雑育種法（230 ページ）

きのこの主な育種方法のうち、よい形質をもつ系統同士の交配によりよい系統を育成する方法。

ナメコのトロ箱栽培（57ページ）

ナメコの菌床栽培が始まった当初に行われた方法。木でつくられた魚箱を用いて、軒下、森林内などの自然環境を利用した。トロ箱という言葉は、トロール漁業で使用した木箱に由来すると言われている。

ナメコのトロ箱栽培

一番収穫所要日数（59ページ）

発生処理をしてから最初の子実体が収穫されるまでの日数を一番収穫所要日数という。ナメコ菌床栽培では一般的に、この期間が短いほど栽培期間が短縮されるので生産者に好まれる。

菌床栽培ナメコ（左：子実体原基形成時、右：収穫時）

鹿沼土（92ページ）

農業や園芸に使われる栃木県鹿沼市産出の軽石の総称である。適度な保水性をもち、通気性が高く、雑菌をほとんど含まないことなどが特徴。

ホミニーフィード（177ページ）

トウモロコシからコーングリッツ、コーンフラワーを製造する際に発生する副産物で、トウモロコシの細粉・胚芽・皮・澱粉などが混合されたもの。主として家畜のエネルギー源として、トウモロコシと同様全畜種に使用されるが、きのこ培地用の栄養材としても使われている。

(3) 商品形態

現在、生ナメコとして販売されている形態は、大きく分けると、2～3cm程度に茎を切った「足切りナメコ」と株ごと収穫して包装した「株取りナメコ」「大粒ナメコ」の3つである。「株取りナメコ」は、足切りナメコと同様の小粒のきのこを株取りしたもの、「大粒ナメコ」は大粒のナメコを株取りしたものである。かつては、小袋詰めの足切りナメコが主体であったが、近年は次第に商品形態が多様になってきた。

ナメコの商品形態（左：足切りナメコ、中：株取りナメコ、右：大粒ナメコ）

里山資本主義（35ページ）

藻谷浩介とNHK広島取材班の共著による著書・造語であり、また両者が提唱する、里山のような身近なところから水や食料・燃料を手に入れ続けられるネットワークを用意しておこうという思想のことである。

地産地消（36ページ）

地域生産・地域消費の略語で、地域で生産されたさまざまな生産物や資源（主に農産物や水産物）をその地域で消費することである。

地消地産（36ページ）

地域で消費するものを地域でつくろう、という考え方。「地産地消」は、地域でつくった農林水産物をその地域で消費しよう、という消費行動への呼びかけであり、「地消地産」は生産構造の変革を意味する。前者は「消費」を起点に、後者は「生産」を起点にした考え方であると言える。

ナタ目法（57ページ）

日本でのきのこ栽培の始まりは、17世紀中頃、今の大分県において広葉樹の原木にナタで傷を入れて、自然にシイタケの胞子が飛んでくるのを待つという方法によった。ナメコ栽培もこの方法で始まった。

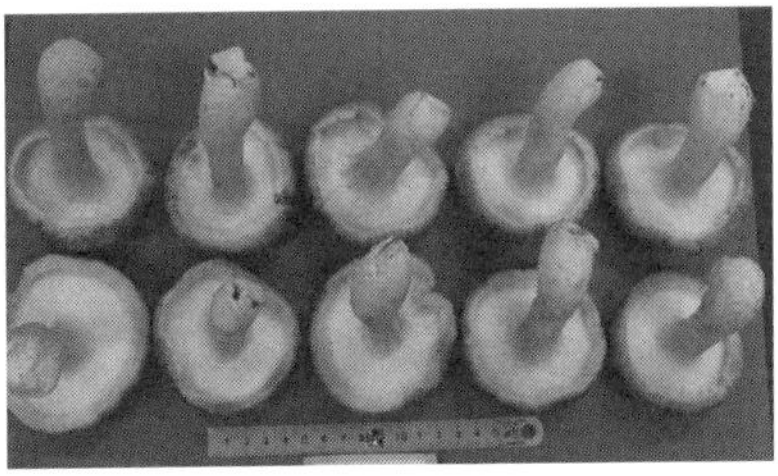

生シイタケ（左：6 ～ 7 分開き、右：8 分開き）

菌床栽培（19 ページ）

おが粉、コメヌカ、水などを一定の割合で混合したものを培地とし、それに菌糸体を植えつける方法で、シイタケ・ナメコ・エノキタケ・ブナシメジ・ヒラタケ・マイタケ・エリンギ・キクラゲなどがこの方法による。

ナメコの菌床栽培（58 ページ）

ナメコを例にして菌床栽培の工程を示し、用語を解説する。ナメコの栽培は、シイタケに比べると歴史は浅いが、広く普及している。

(1) 培地づくり：菌床栽培では、ブナ、トチノキ、ナラ類などの広葉樹のおが粉とコメヌカ、フスマを 10：2 の割合で混合し、それに水を加えたものを培地とする。この培地を耐熱性のビンや袋に詰める。培地にはアオカビなどの雑菌が含まれているので、高温、高圧で殺菌処理をし、その後、温度が下がってから種菌を接種する。

(2) 培養・発生：菌糸体培養から子実体の発生まで、通常、温度管理のできる空調施設で行われている。子実体が発生できる状態まで培地に菌糸体を増殖する過程を培養という。培養が完了すると、ビンのふたを外す、袋から培地を取り出すなどの発生処理をして、湿度を十分にとれる発生室に移して子実体を発生させる。一般的に培養室は 20℃程度、発生室は 15℃程度で管理する。発生室では加湿器などで湿度を 90% 以上にする。培養終了後に発生処理をすると、7 ～ 10 日間にあわ粒状の子実体「原基」が形成される。この原基が次第に生長して子実体となる。原基は子実体の「つぼみ」とも言われる。子実体は傘が開く前に、傘の直径が 1 ～ 2㎝前後の時に採取する。

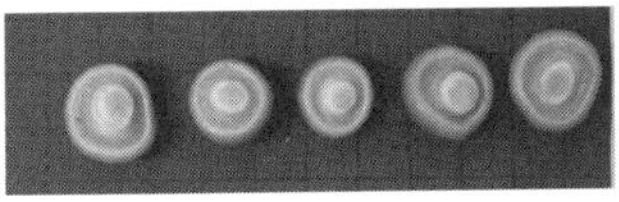

菌床栽培ナメコ子実体(傘が開く前)

(3) 接種後の管理

（ア）仮伏せ：一般に接種は早春に行われるが、この頃は乾燥しがちで、菌糸体の活着に不適当な状態となる。そのため、接種後ある一定期間、原木含水率を一定にし、菌糸体を速く、確実に活着させるために行うのが仮伏せである。仮伏せの期間は、梅雨に入る前の５月中旬までとする。

（イ）菌糸体の活着調査：仮伏せが終わる５月中旬に伏せ込みをするが、その前に菌糸体の活着状況を調べる。接種した種駒をいくつか抜いてみて、種駒からの白い菌糸体の伸長や、種駒近くの樹皮の一部を剝いだ際の木質部の白い変色が観察できれば活着していると判断してよい。

（ウ）伏せ込み：菌糸体がほだ木に活着したら、次に菌糸体をほだ木の樹皮の内側および木質部内部に伸長させる必要がある。仮伏せの環境では温度が上がりすぎるため、仮伏せとは異なった環境にほだ木を移動させる。この作業を伏せ込み（あるいは本伏せ）と言う。移し替えた場所をほだ場という。菌糸体の伸長状況は、ほだ付き調査を行って、ほだ付き率（全面積に対する菌糸体の蔓延面積の割合）で表す。ほだ木を切断した断面ほだ付き率とほだ木の樹皮を剝いだ表面ほだ付き率がある。

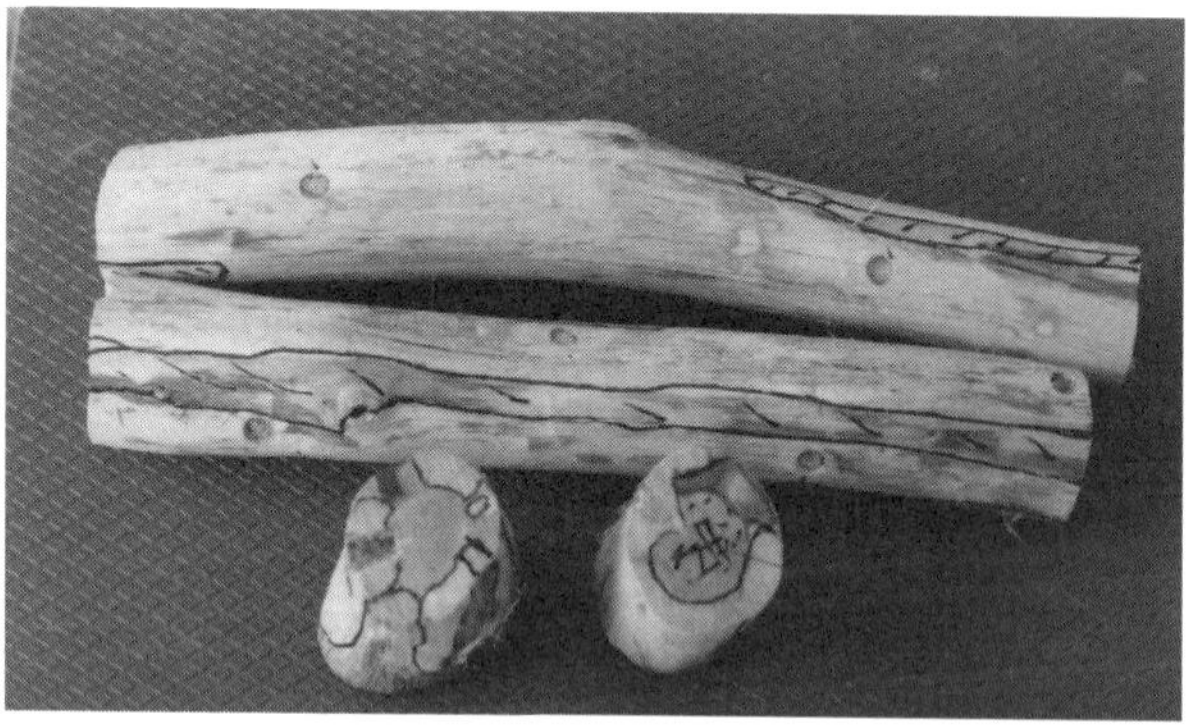

ほだ付き率の調査

(4) 子実体の発生と収穫

早春に接種し伏せ込んだほだ木から、早ければ翌春、遅くとも翌晩秋には子実体が発生する。一般には、生シイタケの場合は傘が６～７分開いた状態、乾燥品にするには７～８分開いた状態で採取する。

シイタケの原木栽培（25 ページ）

シイタケを例にして原木栽培の工程を示し、用語を説明する。一定の大きさの原木に、菌糸体が蔓延している木材の小片（種駒《たねごま》）やおが粉（おが粉種菌・おが粉成型駒）を埋め込む方法が用いられている。

(1) 原木の準備：原木として必要な条件は、菌糸体が活着しやすいこと、子実体の発生が多いこと、子実体の発生期間が長いこと、価格が安く容易に手に入りやすいことなどがある。このようなことから、コナラ、ミズナラ、クヌギ、シデなどの広葉樹材が多く用いられている。原木の大きさは、一般的に直径は 6 ～ 15cm、長さ 90 ～ 100cmである。原木の伐採時期は、一般に、黄葉のはじめ頃（3 ～ 5 分紅葉の頃）で、伐採後、原木として使用する長さに切る作業を玉切りと言う。

(2) 菌糸体の接種：種菌として菌糸体を原木に接種することを、生産現場では「植菌」と言う。接種の方法は、市販の種駒を用いることが多い。種駒は、ブナ材に菌糸体を蔓延させたものである。種駒の他に、おが粉を固めた成型菌と、おが粉に菌糸体が十分に蔓延した培地を原木に埋め込むおが粉種菌が用いられることもある。専用の穿孔器やドリルで縦軸方向に直角穴を開け、種駒を打ち込む。種駒やおが粉種菌を接種した後、種菌が乾燥しないように保護するため、封蝋をすることも多い。封蝋は、きのこ栽培用に販売されている蝋製品で、コンロの鍋などで溶かして使用する。透明になり白い煙が出るぐらいまで過熱し（110 ～ 120℃）、液体状になった蝋を直径 3 cm ぐらいの範囲に塗る。松ヤニが入っているため、虫除けにもなる。

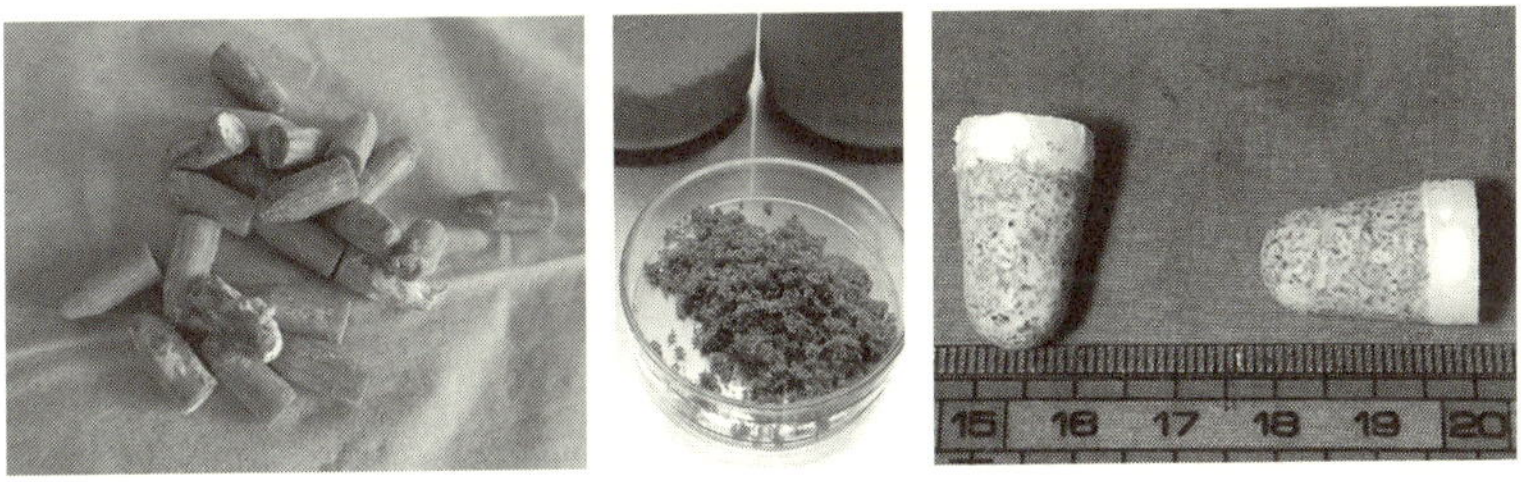

左：種駒、中：おが粉種菌、右：成型菌。

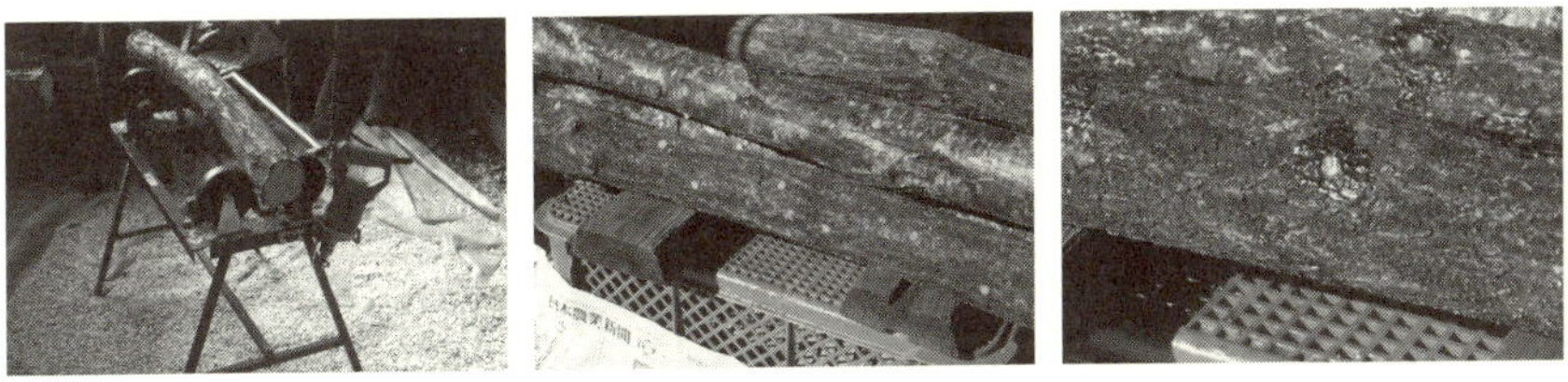

左：植菌台とドリル、中：種駒の接種直後、右：封蝋。

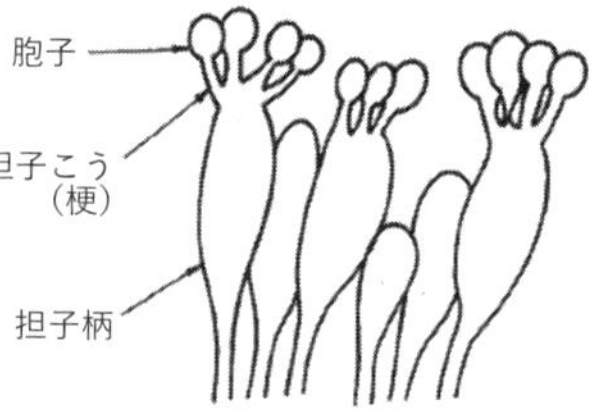

担子菌類のひだ

（出典：文部科学省〔2024〕『高等学校用 林産物利用』6-2 図）

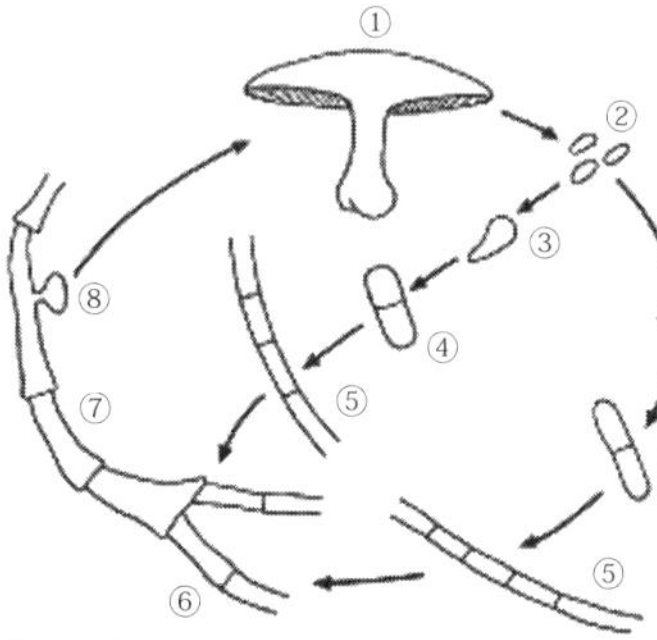

① 子実体（きのこ） ② 胞子 ③ 発芽した胞子
④ 菌糸の初期 ⑤ 1次（1核）菌糸 ⑥ 2つの1次菌糸の接合
⑦ 2次（2核）菌糸 ⑧ 子実体の原基

きのこ（シイタケ）の生活史

（出典：文部科学省〔2024〕『高等学校用 林産物利用』6-3 図）

人工栽培（18 ページ）

栽培とは一般に、野菜や樹木などの植物、きのこ、藻類などを植えて育てることである。きのこは、自然の状態でも適した環境が与えられれば子実体を発生するが、ほとんどの食用きのこは、年間を通して一定の生産量を確保するために栽培が行われている。栽培という言葉には、元来、人が関与する意味が含まれているが、これを強調したい時や栽培が困難とされていた品目の栽培に成功した時に人工栽培という言葉が使われることが多い。

原木栽培（19 ページ）

一定の大きさの原木に菌糸体を植えつける方法で、シイタケ・ナメコ・クリタケ・ヒラタケなどがこの方法による。菌糸体を植えつけた時以降の原木を「ほだ木」と言う。

用語解説

参考文献：文部科学省（2024）『高等学校用　林産物利用』実教出版

基礎知識

きのこの種類

我が国に存在するきのこは約4000種に達し、古くから薬用や食用とされているものだけでも1400種を超えている。一方、毒きのこも50種程度が知られている。人工的に栽培され、量的に消費・利用されているものはごく限られている。シイタケ、ナメコ、ヒラタケなどは、担子菌類に属するきのこで、木材中の主成分を分解・吸収することから木材腐朽菌とも言われる。

きのこの構造

図はシイタケの子実体の構造を示したものである。子実体は、傘と柄に大別される。大部分のきのこの傘は図のような形をしており、胞子が遠くまで飛ぶのに都合のよい形になっている。

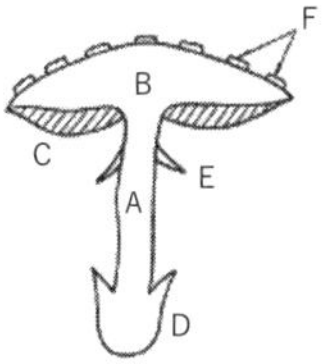

A　柄（菌柄）　B　傘（菌傘）
C　ひだ（菌褶）　D　つぼ（脚苞）
E　つば（下環帯）
F　りん皮

きのこ（シイタケ）の各部の名称

（出典：文部科学省〔2024〕『高等学校用 林産物利用』6-1図）

きのこの生活史

子実体が発生して間もない頃は、傘と柄は白く薄い保護組織で覆われているが、子実体の生長とともに破れ、傘の裏にひだが見えるようになる。1枚1枚のひだには、胞子を形成する生殖器官がある。子実体が成熟すると、ひだでつくられた胞子は飛散し、適当な環境の下で菌糸に生長する。図は、シイタケの属する担子菌類のひだ、シイタケの胞子から子実体形成過程、きのこの生活史を示したものである。

著者紹介

増野和彦（ますの・かずひこ）

1957年長野県佐久町（現・佐久穂町）生まれ。新潟大学農学部林学科を卒業後に、長野県職員。長野県林業総合センター特産部技師、研究員、主任研究員を経て、研究技監兼特産部長で定年退職。その間、主にきのこの育種および栽培技術の開発に従事する。退職後も再任用職員などで同センターに在籍。

現在、一般社団法人日本きのこマイスター協会の理事、農林水産省の種苗法に基づく現地調査員、日本特用林産振興会のきのこアドバイザー研修・登録委員会委員を務めている。

主な著書に、『きのこの100不思議』（共著、東京書籍、1997）、『林業技術ハンドブック』（共著、全国林業改良普及協会、1998）、『キノコ栽培全科』（共著、農山漁村文化協会、2001）、『きのこの生理機能と応用開発の展望』（共著、S＆T出版、2017）、『きのこの生物活性と応用展開』（共著、シーエムシー出版、2021）などがある。日本きのこ学会技術賞（2019）、森喜作賞（2019）、日本木材学会地域学術振興賞（2013）、日本木材学会技術賞（2008）、日本林業技術協会林業技術賞（2003）などを受賞した。

森のきのこを食卓へ

里山で、家で、おいしく楽しむ小規模栽培

2024年11月14日　初版発行

著者　　　増野和彦
発行者　　土井二郎
発行所　　築地書館株式会社
〒104-0045 東京都中央区築地7-4-4-201
TEL. 03-3542-3731 FAX. 03-3541-5799
https://www.tsukiji-shokan.co.jp/
印刷・製本　シナノ印刷株式会社
装丁・装画　秋山香代子

 ISBN 978-4-8067-1672-3